열대어의 보석 구피

마니아를 위한 PET CARE 시리즈

01

김영민 지음

씨밀레북스

Prologue

삶의 활력소, 즐거움이 되는 구피 사육을 바라며

지난해 가을 'Pet 전문 출판사' 〈씨밀레북스〉 편집장님으로부터 출판 제의를 받고 나서 고심 끝에 원고를 쓰기로 마음먹고 시작한 일이, 어느덧 겨울을 지나 봄이 시작되는 시점에 이르러서야 마침표를 찍게 됐다. 글을 쓰고, 읽고, 수정하기를 여러 차례 반복하며 최대한 이해하기 쉽게 써 내려가려고 노력했지만, 책을 읽으시는 독자들은 어떻게 받아들여 주실지 시간이 지날수록 걱정이 앞서는 게 사실이다.

개인적으로 오랜 시간 '물생활'을 해오면서 구피를 사육하는 다른 나라들과 비교할 때 가장 아쉽고 안타깝게 느껴졌던 부분이 바로 출판 분야였다. 독일의 경우 100년 전부터 자료화해 기록을 남겨왔고 미국, 일본, 대만 등 나라마다 출판물이 활성화돼 있는 데 비해 우리나라는 전문서적이라고 할 만한 책이나 잡지는 거의 전무한 실정이다. 처음 출판 제의를 받았을 때 실력이 월등하고 지식이 풍부한 분들도 많이 계실 텐데, 자격도 안 되는 사람이 과욕을 내는 것은 아닌지 많이 망설였다. 하지만 좀 부족하더라도 이렇게나마 시작하게 되면 이것을 계기로 구피뿐만 아니라 다른 열대어 분야에 대해 훌륭한 사육자분들이 점차 출판문화에 관심을 두고 참여하며 활성화되지 않을까 하는 마음을 담아 용기를 내어 이 책을 내게 됐다.

원고를 진행하면서 가장 어렵게 느껴졌던 부분이 사진자료의 부족이었다. 인터넷상에서는 서핑을 통해 외국의 사진을 마음껏 이용할 수 있겠지만, 출판물에 사용하는 것은 저작권 때문에 제약이 따랐고 외국의 서적만큼 준비된 사진을 보여드리지 못하는 점이 아쉬웠다. 하지만 주변의 많은 분들의 도움으로 어렵게나마 최대한 자료들을 모아 최선을 다해 책을 만들려고 노력했다. 사진자료를 제공해 주신 '구사모'의 많은 형님, 동생분들과 훌륭한 외부 자료를 사용할 수 있게끔 흔쾌히 허락해 주신 '우일바이오와 델라코리아, CGN'에 깊은 감사를 드린다.

원고작업을 통해 절실하게 느낀 점은 바로 하찮은 기록물이라 할지라도 그것이 갖는 자료로서의 가치는 훌륭하다는 것이다. 이는 필자 스스로도 간과하고 있었는데, 정작 이런 부분들이 매우 부족하고 또 화려한 구피 사진들보다 더 중요하다는 것을 느꼈으며 많은 공부가 됐다. 이 책의 내용이 절대적으로 옳은 것은 아닐 수도 있고, 시간이 지남에 따라 사육방법도 그 시대에 맞게 변하기 때문에 설사 독자 여러분들이 알고 계신 내용과 다르다고 해도 비판보다는 너그러운 마음으로 이해해 주셨으면 한다.

10여 년 전 나라 전체를 뒤흔들었던 IMF 시절보다도 오히려 더 어려운 경제적 위기의 시대를 겪고 있는 지금, 여가생활로 즐기는 물생활 또한 많이 위축됐음에도 불구하고 용기를 내어 국내 출판계에 'Pet 전문 출판'이라는 도전장을 내밀고 제게 기회를 주신 〈씨밀레북스〉 출판사에 큰 감사와 박수를 드리고 싶다. 언젠가는 이 어려운 시기를 헤쳐 나가게 될 것이며, 사회 모든 분야에서 고르게 발전하는 것이 미래의 성장한 우리 사회의 모습이라 믿고, 작지만 한 부분에 도움이 되리라 믿는다.

개인적으로 지금껏 구피를 사육해 오고 있지만, 단순히 구피만을 사육한다기보다 구피를 사육하는 사람들과의 관계가 오히려 더 가치 있고 소중한 시간이었다고 자신 있게 말할 수 있다. 그렇듯이 이 글을 읽으시는 사육자분들은 과욕으로 인한 스트레스를 만들지 말고, 구피 사육이 삶의 활력소가 되고 즐거움이 될 수 있었으면 한다. 마지막으로 항상 구피 사육생활의 응원군이 돼주는 제 반쪽 현숙이에게 사랑하는 마음을 전하며, 본문 자료와 사진에 도움을 준 봉균 형님과 손석인, 김상필 두 동생에게도 이 자리를 빌려 감사의 마음을 전한다.

2009년 김영민

contents

Chapter 01

구피의 원산지와 구피라는 이름의 유래, 관상어로서의 구피의 시작, 세계 팬시구피의 역사 및 국내 팬시구피의 역사에 대해 알아본다.

01
section

구피의 역사

밀리언피시(Millionfish) 또는 레인보우 피시(Rainbow fish)로도 알려진 구피(Guppy, *Poecilia reticulata*)는 전 세계에 널리 분포된 열대어 중 하나이며, 열대어 애호가들이 관상어로 가장 많이 사육하고 있는 인기 어종이다. 송사릿과(Poeciliidae)에 속하며, 같은 과의 다른 종들과 마찬가지로 난태생(卵胎生, ovoviviparity)으로 번식한다.

구피의 원산지

구피의 원산지는 남미 북부의 소앤틸리스제도(Lesser Antilles Is.)와 북부 브라질, 아마존강 북상부, 베네수엘라 등의 강, 콜롬비아로서 이곳에서 채집된 구피를 원종(原種)으로 보면 된다. 구피는 환경적응력과 번식력이 뛰어나 원산지인 남미 외에도 동남아 지역과 인도, 스리랑카 등 세계 여러 곳에 유입돼 서식하고 있다. 일본도 카나가와 이남의 온천지대 하천에서 야생화된 개체를 볼 수 있는데, 야생개체는 지역마다 모양이나 색채에 있어서 미묘하게 차이가 난다. 이러한 특징들 때문에 생태학, 진화학, 행동학 분야에서 모델 생물(model organism)로 이용되고 있다.

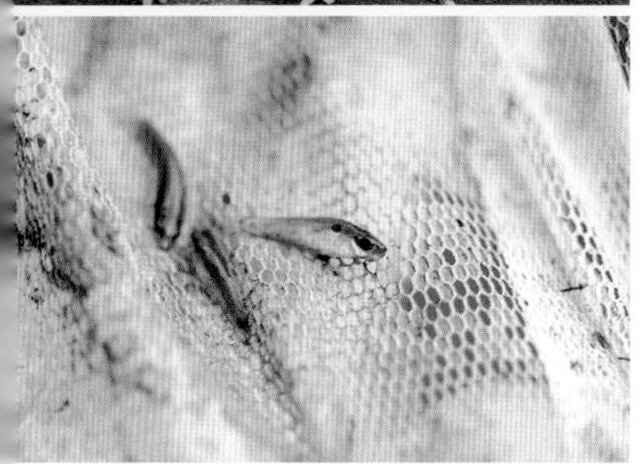

구피가 적응해 사는 동남아 하천의 서식지(위)와 그곳에서 채집된 구피들(아래)

이처럼 구피는 남극 대륙을 제외한 모든 대륙의 다양한 국가에서 발견되는데, 가끔 우연히 발생하는 예도 있지만 대부분은 모기의 방제수단으로서 도입된 것이다. 애초에 모기 유충을 잡아먹고 말라리아의 확산을 늦추는 데 도움을 줄 것으로 기대하며 유입했지만, 많은 경우 구피는 토종 물고기 개체 수에 부정적인 영향을 미쳤다.

현장 연구에 따르면, 자연서식지, 특히 남미 본토 해안가 근처에 있는 거의 모든 하천에서 서식하는 것으로 나타났다. 일반적으로 기수에서 발견되지는 않는데, 기수에 대한 내성이 있어서 일부 기수환경에도 서식한다. 크고 깊거나 유속이 빠른 강보다 작은 하천과 웅덩이에 더 많이 서식하는 경향이 있으며, 친척인 몰리(Molly, *Poecilia sphenops*)처럼 해수에도 적응할 수 있다.

구피라는 이름의 유래

앞서도 언급했듯이, 구피는 관상어로서보다는 모기 유충을 퇴치하는 용도로 트리니다드토바고(Trinidad and Tobago)에 처음 전파됐다. 구피가 세계에 최초로 소개된 시기는 1850년경이라고 알려져 있다. 정식 발견자는 영국의 식물학자인 로버트 존 레크미어 구피(R.J. Lechmere Guppy)다. 레크미어 구피는 남미의 트리니다드에서 식물채집을 하던 중 연못이나 강에 서식하고 있는 작은 물고기를 발견했다.

레크미어 구피는 이 물고기를 영국으로 가지고 돌아갔고, 대영박물관 자연사관장인 알베르트 귄터(Albert Günther) 박사에 의해 기라르디누스 구피(*Girardinus guppii*)라고 명명됐다. 그러나 실제로는 그보다 2년 전에 스페인의 필리포 드 필리피(Filippo De Filippi)가 같은 물고기를 먼저 보고한 바 있다. 드 필리피는 1913년에 최초의 발견자로 인정됐지만, 물고기의 이름은 현재까지 구피(Guppy)로 불리고 있다.

분류학적으로는 1859년 독일의 어류학자 빌헬름 페테르스(Wilhelm Peters)가 베네수엘라산의 이 물고기를 '포이킬리아 레티쿨라타(*Poecilia reticulata*)'로 명명했고, 같은 시기에 영국에서는 레크미어 구피가 가져온 물고기를 알베르트 귄터(Albert Günther)가 '기라르디누스 레티쿨라투스(*Girardinus reticulatus*)'로 명명했다. 스페인의 드 필리피도 이 물고기를 '레비스테스 레티쿨라투스(*Lebistes reticulatus*)'로 불렀다.
이처럼 동시대에 3개의 학명을 갖고 있었으나 1913년 영국의 레이건(Regan)에 의해 '레비스테스 레티쿨라타(*Lebistes reticulata*)'로 통일됐고, 그 후 포이킬리아속에 편입돼 현재의 학명은 '포이킬리아 레티쿨라타(*Poecilia reticulata*)'로 고정됐다. 구피의 학명 '*Poecilia reticulata*'는 라틴어로 백만어(Millionfish)라는 뜻이다.

관상어로서의 구피의 시작

영국에서는 구피가 대중적으로 사육되는 물고기는 아니었다. 독일의 경우는 수입업자인 컬 시게르코후(Mr. Carl Siggelkow)에 의해 1908년 12월에 베네수엘라의 항구도시 라과이라(La Guaira)로부터 25마리의 개체가 수입됐다. 이렇게 수입된 구피는 요한 폴 아널드(John Paul Arnold)에 의해 독일 관상어 잡지에 소개됨으로써 일반 대중의 흥미를 끌게 됐다. 1년 후에는 영국인 잼 바이판(Jam vipan)에 의해 바베이도스, 베네수엘라, 트리니다드로부터 새롭게 3종류의 구피가 독일에 반입됐다.
1910년 함부르크의 세이델(Seidel)이 최초의 돌연변이체인 소드테일(Swordtail, *Xiphophorus spp.*) 구피에 관한 기사를 자신이 속한 클럽의 잡지에 발표했다. 그러나 제대로 된 더블 소드(Double sword) 구피가 발표된 것은 1928년 라이프치히의 로시(Rossi)에 의해서였고, 이 시점부터가 '관상어로서의 구피의 시작'이라고 할 수 있다.

팬시구피의 역사

체형이나 색상 등에 있어서 매우 다양한 팬시구피(fancy guppy; 사육자가 사육과정에서 더욱 크고 밸런스도 좋게 만든, 아름답게 만들어진 형태의 구피)는, 더욱 아름다운 개체를 만들어 내고자 하는 사육자들의 꾸준한 노력과 연구로 이뤄진 결과물이라고 할 수 있겠다. 수백, 수천 가지의 팬시구피가 개량돼 있으며, 계속해서 신품종이 쏟아져 나오고 있다.

■독일과 영국에 의한 구피 개량 : 초창기 팬시구피의 발전은 독일에 의해 이뤄졌다. 당시 가장 유명한 구피 수입가였던 함부르크 출신의 컬 시게르코후(Mr. Carl Siggelkow)는 베네수엘라의 카라카스 근처 라과이라(La Guaira)로부터 25마리의 구피를 수입했는데, 문제는 수컷이 단 3마리뿐이라는 것이었다. 이 수컷들의 총길이는 2.2cm 정도였고 색상은 녹황색(greenish-yellow)이었으며, 보디(body)에 까만색 점과 줄이 있었다. 게다가 꼬리 근처 보디 후면에는 빨간색과 파란색이 섞여 있었다.
크리스마스를 불과 며칠 앞두고 독일에서 최초로 12마리의 구피 치어가 탄생했다. 구피를 다룬 기사들이 독일 잡지에 속속 소개됐고, 이때부터 구피는 독일 열대어 브리더의 관심을 얻기 시작했다. 이후 수입이 계속 이뤄졌는데, 1909년 한 해에만 세 가지 종류의 구피들이 바베이도스, 베네수엘라 그리고 트리니다드로부터 수입됐다. 이 구피들은 독일 전역에 퍼졌고, 브리더들은 그 수를 불리기 시작했다. 1910년 라이프치히에 있는 한 열대어 클럽이 수입된 구피의 다양함을 일반인들에게 선보이기 위해 독일 최초의 구피 품평회를 개최했다. 이후 구피 개량에 있어서 새로운 발견을 다룬 많은 문헌이 출판됐다.
1920년 독일 라이프치히의 한 열대어 클럽이 독일 최초로 '포인트 시스템(point system)' 제도를 개발해 구피 개량에 있어서 달성해야 할 50가지의 포인트를 제시했는데, 독일의 많은 클럽이 1930년대 초까지 이 시스템을 구피 개량에 이용했다. 1928년에 최초로 더블 소드 구피가 개량됐고, 1930년대 초에는 일명 '골드 구피(Gold guppy; 일본에서는 타이거라 불림)'가 출현했다.
이즈음 전문가들은 과연 누가 첫 번째 브리더(구피 개량 브리더)인지 논쟁을 벌였으나, 확실한 것은 1925년부터 1932년 사이에 구피의 개량이 시작됐다는 점이다. 제2차 세계대전 중이던 1941년에도 사람들은 구피 개량을 계속했고, 베를린에

독일의 구피 콘테스트 현장

서 품평회도 준비했다. 이 품평회에서 채택된 것은 100가지 포인트를 기초로 한 새로운 포인트 시스템이었다. 그러나 그 품평회는 아쉽게도 전쟁으로 취소됐다.
지금은 구피 세계사에서 비중이 약해졌지만, 독일과 더불어 초기 구피의 발전에 큰 몫을 담당한 나라가 영국이다. 1930년대 말에 G.B.S.(Guppy Breeders Society)라는 클럽의 기초가 세워졌고, 제2차 세계대전 이후 F.G.B.S.(Federation Guppy Breeders Societies)로 재결성했다가, 1960년대 맨체스터 일대의 회원을 중심으로 F.G.A.(Fancy Guppy Association)를 탄생시켰다. 이후 다른 지역의 클럽들을 흡수하면서 영국에서 제일 성공한 클럽으로 현재까지 이어져 오고 있다. 비약적으로 발전하던 유럽의 구피는 세계전쟁의 포화 속에 급격히 쇠퇴하기 시작했고, 이즈음부터 오히려 미국의 구피들이 발전하게 된다.
구피가 미국으로 수입된 것은 1920년경으로, 크기가 작고 귀여우며 기르기 쉽다는 장점 때문에 미국 전역에 빠른 속도로 퍼져나갔다. 1930년대부터 폴 하넬(Paul Hanel; 팬시구피의 아버지라 불림)에 의해 체계적으로 품종이 나뉘게 되고, 라인브리딩(linebreeding; 동계교배)의 개념을 처음으로 도입하면서 비로소 팬시구피다운 구피들이 탄생하게 된다. 폴 하넬을 중심으로 A.G.A.(American Guppy Association; 미국구피협회)가 1930년에 창립됐는데, 그 협회가 사라진 후 C.G.G.(Congress of Guppy Group; 구피그룹회의)로 바뀌었다가, 독일로 개량기술을 전수·수출하기 시작하면서 현재의 I.F.G.A(International Fancy Guppy Association; 국제구피협회)로 명명됐다.

■국제 콘테스트 개최로 활발한 교류 : 1950년경 알비노(Albino) 구피가 최초로 미국 뉴욕에서 독일로 수출됐고, 국제적인 수준의 구피 품평회가 독일에서 개최됐다. 품평회는 대성공이었는데, 이 품평회에서 독일계 미국인인 폴 하넬이 '베일테일(Veiltail)' 구피를 최초로 선보이면서 새로운 브리딩 기법을 소개했다. 이 구피는 누구도 상상하지 못할 정도로 매우 뛰어났다. 그는 이 구피로 '구피의 왕'이라는 명성을 얻었으며, 오늘날 구피 애호가라면 그의 이름을 모르는 사람이 없을 정도로 유명한 존재가 됐다.
5개국에서 온 구피 브리더들이 자신들의 구피를 선보였는데, 나흘 반나절 동안 3천 명의 방문객이 관람했으며, 신문들은 큰 사진과 함께 대서특필했다. 당시 품평회의 주최자들은 품평회 후 구피에 관해 연구하는 소모임을 만들 계획이었으나 품평회의 대성공에 고무받아 특별한 클럽을 결성했다. 또한, 이 품평회 후 여타 많은 구피 클럽이 생겨났다. 일본에도 개인 사육에 좋은 와일드 타입(wild type)의 구피가 미군이나 선원에 의해 통조림 또는 작은 케이스에 담겨 미국으로부터 소량씩 반입됐다. 시초가 된 구피는 와일드 타입은 아니고 유럽에서 반입된 것 같다. 지금의 쇼 구피의 기본인 델타형(delta type)의 꼬리는 폴 하넬에 의해 작출된 것으로 알려져 있다.

1981년 유럽의 구피 브리더들은 국제적 공조체제를 구축하기 위한 방안을 모색했고, 세계의 모든 구피 클럽이 가입할 수 있는 국제적 조직인 W.G.A.(World Guppy Association)를 창설하기에 이른다. 또한, 유럽 전역에 통용될 수 있는 품평기준을 만들었다. 1981년까지는 개개의 나라가 자신들만의 품평기준을 가지고 있었다.

구피 브리더들과 구피 클럽들 간의 국제적 교류는 갈수록 활발해졌다. 1995년 독일의 구피 브리더들은 밀워키와 시카고에 있는 브리더들을 방문하고 I.F.G.A. 쇼에 참여했으며, 1996년에는 일본 브리더들과의 교류도 활성화됐다. 독일의 구피 브리더들은 일본에서 열린 최초의 '월드 구피 콘테스트(World Guppy Contest)'에 참여했다. 이 콘테스트에서 100쌍의 독일 구피들이 선을 보였다. 이듬해 8월에는 독일에서 대규모 구피 콘테스트가 개최됐고, 유럽과 미국, 일본에서 온 브리더들이 참여했다. 그러나 여전히 각 나라는 자신들만의 심사기준을 갖고 있었기 때문에 새로운 국제기준을 만들 필요성이 제기됐다.

2000년대에 이르러서는 독일, 일본, 미국의 세력이 주축을 이루던 구도에 큰 변화가 생기는데, 대만을 비롯해 싱가포르, 말레이시아 등 동남아 국가가 구피의 수준을 비약적으로 발전시키면서 세계 구피계의 중심으로 자리 잡게 됐다. 일 년 내내 지속되는 구피 사육에 알맞은 기후조건, 두터운 사육인구를 바탕으로 2005년 '월드 구피 콘테스트'를 대만(콘테스트사상 역대 최다인 500 수조 이상 출품)에

1. 일본에서 개최한 W.G.A. 콘테스트 2. 대만에서 열린 2005년 W.G.A. 대회 모습

W.G.A.의 월드 구피 콘테스트 역대 개최국

회차	연도	개최국	개최도시	회차	연도	개최국	개최도시
1회	1996년	일본	오사카	12회	2007년	브라질	브라질리아
2회	1997년	독일	뉘른베르크	13회	2009년	이탈리아	페라라
3회	1998년	미국	밀워키	14회	2010년	브라질	벨루오리존치
4회	1999년	브라질	리오 데 자네이로	15회	2011년	미국	보스톤
5회	2000년	오스트리아	비엔나	16회	2013년	말레이시아	쿠알라룸푸르
6회	2001년	체코	프라하	17회	2014년	중국	톈진
7회	2002년	독일	뉘른베르크	18회	2015년	미국	탬파
8회	2003년	브라질	산토스	19회	2016년	오스트리아	비엔나
9회	2004년	미국	밀워키	20회	2017년	대만	지룽
10회	2005년	대만	타이페이	21회	2018년	브라질	나탈
11회	2006년	체코	프라하	22회	2019년	불가리아	소피아

＊2008년과 2012년은 미개최됐고, 코로나로 인해 2019년 이후부터 2024년 현재까지 중단된 상태다.

서 치른 이후 세계 최고의 퀄리티를 자랑하고 있다. 한편, 중국도 기후조건이 좋은 남부지방을 중심으로 크게 발전했는데, 톈진에서 국제 콘테스트를 개최하고 동남아 국가들과 활발히 교류하면서 많은 성장을 이뤄냈다. W.G.A.의 월드 구피 콘테스트는 1996년 일본 오사카대회를 시작으로 2019년까지 11개국 16개 도시에서 총 22회에 걸쳐 개최됐다. 2008년에 대한민국 '구사모' 측에 개최 요청을 해왔으나 국내 여건상 시기적으로 적절치 못해 추후로 미뤘고, 결국 2008년에는 대회가 열리지 못했다.

■ **향후 국내 구피 콘테스트 개최의 문제점 :** 2009년부터 해외에서 반입되는 열대어의 경우 국가로부터 허가를 받은 검역업체의 검역장소에서 샘플 검역을 실시하게 돼 있다. 상업적으로 판매되는 경우나 개인이 소량 반입하는 경우에는 큰 문제가 되지 않겠지만, 콘테스트에 참가하기 위해 국내로 들어오는 구피들을 검역하게 된다면 수질에 민감한 쇼 구피(Show guppy)들의 상태를 보장할 수 없을뿐더러 해외 브리더들의 콘테스트 참여를 위축시킬 수도 있기 때문에 큰 문제점으로 받아들여졌다.
그동안 이에 대한 대처방안을 다각도로 모색해 봤지만, 결국 해결책을 찾지 못했다. 게다가 국내 구피 콘테스트를 주도해 오던 구사모마저 해체됨으로써 역사의 뒤안길로 퇴장하게 되면서, 현재는 사단법인 '관상어협회'에서 매년 애완용품박람회의 한 부분으로서 국내 구피 콘테스트의 명맥을 겨우 유지하고 있는 상황이다.

02
section

국내 팬시구피의 역사

열대어 사육을 취미로 삼은 애호가들은 흔히 구피를 '물생활의 시작과 끝', '열대어는 구피로 시작해서 구피로 끝난다'는 말을 하곤 한다. 그럴 정도로 구피는 초보사육자와 고급사육자 모두에게 전 세계적으로 폭발적인 사랑을 받고 있는 열대어다.

60년대 말~70년대 초 국내 반입

이처럼 인기 많은 구피가 국내에 소개된 시점에 대해 정확하게 언급된 자료는 없다. 다만 관련 업계에 종사하는 분들의 의견에 의하면, 대략 60년대 말~70년대 초반인 것으로 보인다. 물론 그 이전일 수도 있지만, 문헌으로 남은 기록이 전무하다시피 한 실정이라 정확한 기록을 알 수 없어 개인적으로도 매우 안타깝게 생각한다.
국내 구피의 역사를 언급하기 전에 잠시 필자가 구피를 기르게 된, 구피와의 네 번의 인연을 소개해 드리고자 한다. 필자가 처음 구피를 접한 때는 1983년이다. 중학교 입학선물로 아버지께서 2자 어항을 사주셨고, 독특한 시설로 구피를 기르고 있던 같은 동네 세탁소 사장님에게서 몇 마리 분양받은 것이 구피 사육의 시작이었다.

당시에는 어항이 있고 열대어를 기르는 가정이 드물었으며, 필자의 아버지도 그런 쪽에 취미를 가지실 만한 분이 아니었다. 그런데 어느 날 지인 댁에서 본 어항이 근사하게 느껴지셨다고 한다. 그때 아버지께서 어항을 선물해 주시지 않았다면, 아마도 지금과 같은 '물생활'을 하지 않았을 가능성도 있겠다고 생각된다. 이런 이유로 필자의 '물생활'은 우연이 아닌 필연이었을지도 모른다는 생각이 든다.

구피와의 인연

구피와의 첫 번째 인연은 동네 수족관이 아닌 이웃 세탁소 사장님의 구피를 분양받게 되면서 시작됐다. 아버지께서 평소 세탁물을 맡기면서 구피를 눈여겨보셨는데, 이곳의 구피를 분양받기로 하면서 수조를 구입하신 것이 계기가 됐다. 세탁소 사장님은 작은 수조 1개와 여러 개의 양동이를 활용해 여러 세대의 구피를 기르고 계셨다. 품종은 당시 제일 흔했던 하프 블랙 레드(Half black red)였다. 그때는 동네마다 소규모 수족관들이 꽤 성업하던 시기였다. 매우 영세한 규모의 수족관이 대다수였고, 수조 내 여과시설도 저면여과기가 유일했다. 실리콘이 없던 시절이라 콜타르(coal tar; 검은색의 도로포장용 아스팔트)를 불에 녹여 수조 내부의 방수용으로 사용했다. 영세한 수족관들이다 보니 보유하고 있는 어류의 품종 수도 20여 종 남짓으로 적었다. 그래도 구피는 어느 수족관이나 기본으로 구비돼 있었고, 품종은 거의 하프 블랙 레드와 소드(Sword) 계통이었다.

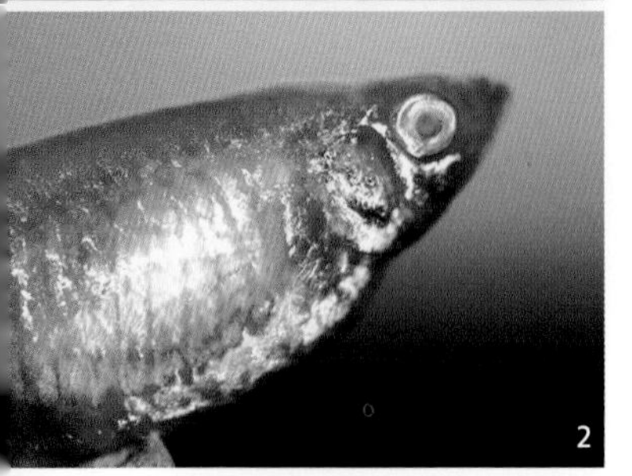

1. 과거 국내에 제일 많았던 품종인 하프 블랙 레드(HB Red) **2.** 알비노 암컷

세탁소에서 분양받은 구피와 아버지께서 수족관에서 구매하신 엔젤피시(Angelfish, *Pterophyllum spp.*), 블랙테트라(Black tetra, *Gymnocorymbus ternetzi*), 키싱 구라미(Kissing gourami, *Helostoma temminckii*) 등과 함께 사육하기 시작했다. 그러던 어느 날 암컷 구피가 산란하는 모습을 목격하게 됐다. 갓 태어난 치어들을 엔젤피시와 블랙 테트라가 잡아먹으려고 쫓아다니는 것을

올드 패션 레드(Old fashion red)

발견하고, 마음이 다급해진 나머지 쇠젓가락으로 못 잡아먹게 물속을 휘젓다가 엔젤피시를 죽여버린 헤프닝도 있었다. 이후엔 부화통을 사다가 치어를 낳는 모습을 관찰하게 됐고, 감동적인 산란 모습에 매료돼 구피 사육의 길로 들어서게 됐다. 오랜 시간이 지난 지금도 암컷 구피가 산란하는 모습은 늘 경이롭고 신비하다.

구피와의 두 번째 인연은 중학교 2학년 시절 같은 공동주택 단지에 사시던 이웃 주민의 수조를 구경하게 되면서 시작됐다. 꽤 오래된 기억이지만, 3자 어항 가득 하프 블랙 레드 구피들이 군영하던 모습이 너무나도 아름다웠다. 개체들의 퀄리티 또한 요즘 팬시구피와 비교해 봐도 전혀 뒤떨어지지 않는, 아주 훌륭한 상태였다. 사육자께서 수조를 바라보며 넋을 놓고 있는 어린 필자가 기특했었던지, 성어 5쌍을 선물로 내주시면서 사육 노하우를 여러 가지 이야기해 주셨다. 불행히도 사육 경험이 부족해 분양해 주신 구피들을 오래지 않아 모두 잃게 됐는데, 어린 마음에도 죄송한 생각이 컸었던지 다시는 찾아뵙지 못하고 짧은 인연은 막을 내리게 된다.

다시 1년 후 세 번째 인연이 찾아오게 된다. 당시 재학 중이던 학교 부근에 수족관이 새로 개업하게 됐다. 학교를 마치면 뻔질나게 찾아가 구경하다 오곤 했는데, 젊

블루 그라스(Blue grass)

은 사장님은 필자와 같은 학생들을 많이 예뻐해 주셨다. 사장님은 수족관 외에 경기도 퇴계원에서 열대어 부화장도 운영하고 계셨으며, 가게를 찾는 몇몇 학생에게 부화용으로 쓰다가 산란주기가 길어져 퇴출당하는 다양한 종의 열대어를 무상으로 지원해 주셔서 필자도 이 당시 여러 열대어의 산란을 경험하게 됐다.

하루는 수족관 매장에 루비(Ruby)라는 판매명을 가진 처음 보는 오렌지 색상 구피를 접하게 됐는데, 하프 블랙 레드와는 색다른 매력을 지닌 솔리드 구피였다. 루비 구피도 수족관 사장님이 데려가 키워보라고 하셔서 열심히 세대를 불려 나갔다. 그러던 중 다음 해 여름 서울에 홍수 피해가 났고, 이 홍수로 필자가 살던 지역이 침수됐다. 여동생을 데리고 대피하느라 집을 비운 사이 불어난 한강 물에 사육수조가 모두 잠겨버렸고, 애지중지 키우던 애어들과 사육시설이 전부 한순간에 사라지고 못 쓰게 되고 말았다. 여러 가지 지원을 해주시던 수족관 사장님도 홍수 피해와 경영난으로 인해 폐업을 결정하셨고, 그 사건 이후 상당 시간 필자의 물생활은 멈추게 됐다.

군 제대 후 복학을 하면서 다시 구피를 사다가 키우기 시작했고, 대학을 졸업한 후 직장생활이 조금 안정될 즈음 네 번째 진짜 인연이 찾아왔다. 그때까지 필자의 구피 사육 방식은 선별 없이 단지 치어를 받아 그 수를 불려 나가는 것이 전부였다. 퇴근길에 지하철 가판대에서 스포츠신문을 구입했는데, 구피를 사육 개량하는 성격의 모임인 '구사모(구피를 사랑하는 사람들의 모임)'에 대한 기사를 발견했다. 이후 구사모 인터넷 홈페이지를 방문했고, 여러 카테고리에 나와 있는 구피에 관한 다양한 정보와 사진에 매료됐다. 구사모에 바로 유료회원으로 가입을 하고, 매달 한 번씩 모이는 오프라인 모임에 참여하면서부터 필자의 본격적인 구피 사육이 시작됐다.

구사모 회원분들의 집에 방문해서 사육시설과 다양한 종의 구피를 실물로 볼 수 있게 됐고, 회원 간 분양을 통해 사육 경험을 넓히고 해외 유명 브리더의 구피를 공동구매로 수입하기도 했다. 또한, 동남아 여러 국가의 클럽들과 교류하면서 그들의 사육시설과 사육방법도 배웠다. 그 인연으로 국제 콘테스트 심사위원으로 활동하기까지, 구피 사육에 대한 견문을 넓혀갔다. 구사모를 통해 구피 사육이라는 같은 취미를 가진, 여러 층의 인생 선후배들과 만나고 토론하며 교류한 과정이 30~40대 필자의 삶에 큰 활력소가 됐다. 구사모 가입 이후 제대로 된 정보를 얻은 것이 구피 브리더로서의 시작점이 됐고, 현재까지 구피와 함께하는 생활을 이어오고 있다.

하프 블랙 파스텔(Half black pastel)

필자의 구피와의 인연을 이렇게 장황하게 늘어놓은 이유는, 과거 구피시장에 대한 출판물 형태의 기록이 전무한 상태라 필자의 경험으로나마 간접적으로 설명해 드리기 위함이다. 당시 구피 사육의 시대상을 어렴풋하게나마 이해할 수 있지 않을까 하는 의도에서 소개해 드린 것이니 넓은 마음으로 이해해 주시기를 바란다.

인터넷 기반 '구사모'의 활약

지금부터 국내 팬시구피의 실질적인 역사에 대해 설명해 볼까 한다. 필자가 '구피사랑모임(이후 구사모)'을 알게 된 시점까지도 국내에 팬시구피라고 할 만한 개체는 거의 없었다. 간혹 대만이나 동남아 지역의 모자이크류(Mosaics) 구피가 수입됐지만, 대부분 꼬리 형태가 델타(Delta)가 아닌 라운드 테일(Round tail)의 양식종이었다.

국내 팬시구피의 태동은 인터넷의 보급과 거의 시기를 같이한다. 인터넷이 보편적으로 활성화되기 이전인 PC통신 시절, '하이텔(High Telecommunication; 한국전기통신공사에서 제공했던 종합 인터넷 서비스망. 정식 명칭은 한국통신하이텔이다)'이라는 포털이 있었다.

구사모는 97년 5월, PC통신 하이텔의 '어류동'에서 시작됐다. 4명의 발기인으로 시작해 98년 '천리안(Chollian; 주식회사 미디어로그의 인터넷 포털사이트)'에서 조직된 '구피친구모임(구친모)'과 12월에 통합하고, 1999년 1월 홈페이지 개통과 더불어 활동 무대를 인터넷으로 옮기게 된다. 요즘은 '~사모'라는 이름의 단체들이 매우 많지만, '구사모'가 국내 최초로 사모라는 용어를 사용한 단체라는 이색적인 기록도 있다.

구사모에서 개최한 구피 콘테스트 현장

구사모 4명의 발기인들 중 한 분인 이봉균 님은 일본 유학 시절 팬시구피를 접하고, 그곳에서 팬시구피를 사육하면서 일본 브리더와 친분을 쌓고 있었다. 그 브리더가 바로 동경 메다카(Medaka or Japanese rice fish, *Oryzias latipes*; 일본 송사리)관 주인이자, 구피 유전에 대해 가장 많은 연구를 했고 또 최고로 인정받았던 츠츠이 요시키(Tsutsui Yoshiki)였는데, 연배도 비슷해서 친구처럼 지냈다고 한다. 일본의 유명한 열대어 잡지 '아쿠아 라이프(Aqua life)'에 구피 유전에 대해 오랜 기간 글을 썼던 분인데, 안타깝게도 2005년 12월 43세의 나이로 짧은 생을 마감했다. 개인적으로도 운명하기 전 일본에 가서 만날 기회가 있었지만, 마침 그때 사정이 생겨 가지 못하는 바람에 영원히 못 만나게 된 것이 필자로서는 너무나 아쉽다. 이후 유학을 마치고 귀국해 구사모를 결성하고, 일본을 왕래하며 일본의 수준 높은 팬시구피들을 반입해 그 치어를 받아 분양하면서 팬시구피 사육자가 점차 늘어나게 된다.

한편, 미국 I.F.G.A. 심사위원인 브리더들과 메일을 주고받으며 루크 로벅(Luk Roebuck), 스탄 슈벨(Stan Shuvel) 등 유명 브리더로부터 여러 품종의 구피를 수입하고, 당시 회장이 미국에 직접 건너가 그곳 브리더들의 사육시설을 견학하기도 했다. 견학 후 내놓은 소감은 재미있게도, 많은 이의 기대와는 달리 어항환경에 쏟는 정성과 시스템은 우리가 월등하다는 점이었다. 오히려 우리가 '여과병'에 걸린 것 같은 느낌을 받을 정도로 미국의 여과시설은 열악했다고 한다. '그만큼 수질도 좋고, 사육수조의 수질과 구피의 상태를 사육자가 잘 알고 있다는 데서 오는 차이가 아닐까' 라는 결론 밖에 나오질 않는 환경이었다. 미국에서는 대부분 박스 필터를 사용하는데, 회장의 미국 방문 후 구사모 내에서 한동안 박스 필터 붐이 일기도 했다.

그러나 그 무엇보다도 구사모가 국내 팬시구피 발전에 기여한 부분은 다름 아닌, 구사모의 주도로 1999년부터 꾸준하게 이어졌던 '구피 콘테스트(Guppy contest)'라고 할 수 있다. 1999년 제1회 대회를 시작으로 2008년까지 총 15회의 콘테스트(2번의 국제대회 포함)를 치르면서 국내에 팬시구피를 알리는 결정적인 역할을 하게 된다. 그러나 이후 급격히 세력이 약화되면서 구사모는 해체의 길로 들어서게 됐다. 해체된 이유를 보면, 해외에서 구피를 수입하는 업체가 늘어나면서 퀄리티 좋은 구피를 개인이 쉽게 얻을 수 있게 된 점, SNS의 발달에 따라 개인을 중시하는 성향으로 문화가 바뀌면서 더 이상 동호회를 통한 활동(개인적 희생을 감수하면서까지)을 원치 않게 된 점을 들 수 있을 것 같다. 구사모는 2000년대 이후에는 새롭게 부각된 대만, 말레이시아, 태국, 싱가포르 클럽들과의 국제 교류를 통해 다양한 팬시구피를 국내에 알리는 계기를 마련했고, 일반인들 사이에서 저가의 열대어로 알려져 있던 구피에 대한 인식을 전환시키는 역할을 했다. 최근에는 팬시구피를 사육해 판매하는 관련 업체들도 생기고, 외국 개체를 수입해서 파는 수족관들도 많이 늘어나게 됐다.

외국의 경우 거의 모든 콘테스트가 스폰서들의 지원을 받아 치러지기 때문에 사육자들은 자신이 열심히 기른 구피만 대회에 내보내면 되는 상황인 반면, 구사모는 모든 경비를 회원들의 회비와 찬조로 이끌어가는 구조였다 보니 규모가 커질수록 어려움을 겪었고, 콘테스트를 치러내고 난 이후엔 모든 역량을 다 사용한 충격이 조금씩 쌓이면서 모임이 무너져 갔던 것도 사실이다. 하지만 순수한 아마추어 단체가 이룬 행사 기록이기 때문에 그 의미가 더욱 크다고 볼 수 있겠다.

국내 구피의 역사를 볼 때, 90년대 동남아에서 저가에 공급되는 양식구피들로 인해 많은 어려움을 겪으면서도 지금까지 버텨온 구피 양식업계에 종사하는 분들의 역할도 간과할 수 없을 만큼 매우 중요한 것이다. 그러나 팬시구피의 역사로 본다면, 규모는 크지 않지만 구사모라는 단체가 해온 일들은 국내 팬시구피 역사에 큰 영향을 끼쳤고 주도해 나갔다는 것만은 분명한 사실이다. 다시금 구사모와 같은, 콘테스트를 주도하는 모임이 탄생하기를 필자도 간절하게 바라본다.

OLYMPIA

2007

GUSAMO

Korea Fancy Guppy Association

第13屆

韓國GUSAMO孔雀魚比賽

13th Gusamo Guppy Contest in Seoul, Korea

COEX

2008 韓國第二屆亞洲孔雀魚大

KFGA GUPPY CONTEST

134 AquaPets

해외 열대어 잡지에 소개된 국내 콘테스트

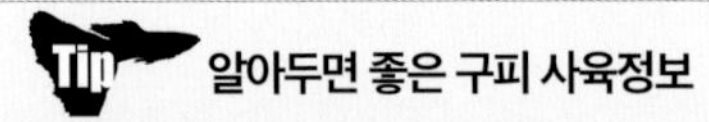

알아두면 좋은 구피 사육정보

구피의 원산지와 원종

원산지는 지역적으로 중앙아메리카, 남미 북부다. 최근에는 서로 원종이라고 주장하는 경우도 있지만, 그 지역의 여러 나라에 걸쳐 나오기 때문에 딱히 어느 지역이라고 특정할 수 없다. 원종 구피는 일본 지역에서는 판매하고 있다고 하는데, 국내에서는 아직 구할 수 없다.

팬시구피 크기가 클수록, 가격이 높을수록 좋다?

무작정 크기가 크다고 좋은 팬시구피는 아니다. 팬시구피는 한 마디로 아름다운 구피를 일컫기 때문에 체형의 밸런스가 중요하다. 비대칭으로 몸통이 크고 꼬리가 작거나, 반대의 경우 등은 좋은 팬시구피라고 할 수 없다. 또 가격이라는 것은 희소성과 구매자의 성향에 따라 달라지는 것이다. 구피가 비싼 이유는 번식의 어려움이나 사육난이도가 높다는 것, 품종의 인기와 상관있는 것이지 비싸다고 꼭 좋은 팬시구피는 아니다.

외국에서 팬시구피를 직접 반입할 경우

일단 나라마다 조금씩 상황이 다르다. 그 나라에 가서 직접 구매할 경우 대부분 가져올 수 있다. 단, 요즘 미국과 일본은 경우에 따라 제한을 받는다고 한다. 기내 반입은 안 되므로 화물로 등록하는 짐에 같이 넣으면 된다. 이때 주의할 점은 비행기가 높은 고도로 날아가기 때문에 화물칸은 매우 추우므로 스티로폼으로 꼼꼼하게 포장해야 한다는 것이다. 구피를 담은 봉지에 에어레이션을 좀 느슨하게 해주지 않으면 기압변화로 터질 수도 있으므로 이 점도 주의하길 바란다.

미국 등 해외에서 항공이나 우편으로 구피를 수령할 때 기간이 길면 4~5일 걸린다. 이때 구피를 아주 작은 비닐봉지에 넣어서 보내는데, 마트에서 파는 굴봉지의 1/3 크기다. 온도만 문제가 없으면 일주일 정도는 아무 이상 없이 도착하므로 폐사는 걱정하지 않아도 된다. 그리고 국내에서 구피를 보낼 시에는 물의 양보다 공기의 양을 많게 해야 운반도 편하고 건강한 상태로 보낼 수 있다.

국내에서 팬시구피를 구입할 수 있는 곳

구피를 구할 수 있는 경로는 여러 가지가 있겠으나 가장 안심할 수 있는 방법은 유명 브리더의 개체를 구입하는 것이다. 최근에는 다수의 업체가 동남아산 팬시구피를 전문으로 수입 판매하고 있으므로 가급적 직접 방문해서 눈으로 상태를 확인한 후 구입하는 것이 좋겠다. 그다음이 평판 좋은 인터넷 판매업체에서 구입하는 것이다.

외국의 팬시구피를 구입하는 방법

해외로 나갈 경우 직접 방문해서 구매해 들여오는 방법이 있다. 대부분의 외국 유명 브리더들은 개인 홈페이지를 통해 판매하지만, 소량인 경우 운송료가 구피의 몸값보다 더 비쌀 수도 있고 기피하는 경우도 있다. 또 외국 경매 홈페이지 아쿠아비드를 이용, 경매 입찰을 통해 낙찰받는 방법도 있다. 인터넷을 통한 해외 구입 시에는 한 품종당 최소 2쌍 이상 구입하길 권하며, 장시간 이동으로 스트레스를 많이 받을 수밖에 없으므로 폐사율은 감수해야 한다.

미국, 독일, 일본 외에 구피로 유명한 나라

초창기에는 영국과 이탈리아 그리고 독일이 유명했지만, 제2차 세계대전 이후 독일이 독보적으로 발전했다. 체코, 러시아, 오스트리아 등의 동유럽 국가와 브라질, 스페인, 네덜란드 그리고 동남아에서는 말레이시아, 대만, 태국, 베트남, 필리핀 등 여러 나라가 우리나라와 비교해 더욱 발전돼 있다고 할 수 있다.

국제적인 구피 단체

실질적인 국제단체의 면모는 W.G.A.가 갖추고 있고, 국제적인 행사도 주도하고 있다. 미국이 주도하고 있는 I.F.G.A.는 자신들이 세계 최고라는 개념에서 인터내셔널(international)이라는 명칭을 붙이게 된 것이기 때문에 국제단체로 보기에는 무리가 있고, 세계 여러 나라가 가입하고 있는 W.G.A.를 국제단체로 보면 된다.

Chapter 02

팬시구피의 품종

팬시구피의 명칭에 대한 이해를 돕고, 품종명 붙이는 법과 품종명을 붙일 때의 기본적인 원칙 그리고 팬시구피의 품종에 대해 알아본다.

01
section

팬시구피의 명칭에 대한 이해

일반적으로 구피는 고정구피, 고급구피, 순종구피, 일반구피, 막구피 등의 명칭으로 불린다. 요즘은 고정구피라는 용어를 많이 사용하면서 이 명칭에 고급구피라는 의미도 포함해 생각하는 것 같다. 각 명칭의 의미를 간략하게 살펴보도록 하자.

고정구피(= 순종구피)

고정구피라는 것은 '부모의 형질이 후대에 그대로 표현되는 개체'를 말한다. '부모의 형질이 몇 % 이상 후대에서 발현됐을 때 고정구피로 불러야 한다'는 말들을 하는데, 이는 의미를 잘못 이해하고 있는 데서 비롯된 말이다. 10%가 됐든 90%가 됐든 부모의 표현형질이 후대에 그대로 발현됐다면 그 개체는 고정구피로 봐야 한다.
흔히 수족관에서 판매되고 있는, 동남아에서 수입한 구피들을 사육해서 치어를 받아 보면 개체들이 매우 다양하게 나타나는 것을 확인할 수 있는데, 그 원인은 동남아 사육자들이 처한 현실적인 문제에서 찾아볼 수 있다. 1품종의 구피를 이용해 계속 대를 이어가면 기형의 증가, 형태의 왜소화, 개체의 약화 등의 문제가 생긴다. 그

1. 형태가 동일하게 표현되는 고정구피 2. 콘테스트에서 대상을 차지한 쇼 구피

러나 다른 품종 간 교잡(hybridization; 유전적 조성이 다른 두 개체 사이의 교배. 교잡을 통해 생긴 자식을 잡종이라고 한다)을 하면 대체적으로 건강해지고, 대량생산을 하더라도 크기가 작아지는 것을 방지할 수 있다. 이러한 이유로 여러 종의 구피를 막 섞어서 대량생산을 하다 보니 후대에서 여러 종류의 구피들이 나타나게 되는 것이다.

최근 대만 구피들의 퀄리티가 높아진 관계로 수족관이나 인터넷 쇼핑몰에서 대만산 구피를 많이 판매하고 있다. 개인적으로 대만산 구피를 많이 사육해 봤는데, 재미있는 사실은 대만산 구피들 중 상당수가 후대에 여러 품종의 형질이 섞인 치어들이 많이 나타난다는 점이다. 그렇다면 대만 구피들도 고정구피가 아닐까.

분명 고정구피라고 알고 구입했지만 그 고정구피에서 몇 %의 고정형질이 나타날지는 전혀 알 수 없는 일이고, 또 고정률이 낮게 나왔다고 해서 고정구피가 아니라고 할 수도 없다. 다시 말하면, 세계 최고의 수준을 자랑하는 대만을 비롯해 전 세계의 각 나라에서 최고의 퀄리티를 유지하기 위해 많은 교잡(hybridization)과 교배(crossbreeding)가 이뤄지고 있다는 것이다.

팬시구피(= 쇼 구피 show guppy)

팬시구피(fancy guppy)란 말은 약간 추상적인 용어로서 사육자가 사육과정에서 더욱 크고 밸런스도 좋게 만든, 아름답게 만들어진 형태의 구피를 일컫는 말이다. 꼬리나 등지느러미, 체형과 색깔 등을 아름답게 만드는 사육자들의 이러한 일련의 노력이 팬시구피의 발전을 이뤄왔고, 현재 우리들이 볼 수 있는 다양하고 아름다운 구피들이 탄생했다고 할 수 있다. 이와 같은 팬시구피의 발전에 있어서 전 세계 각국에서 치러지는 구피 콘테스트가 큰 동기부여를 했다. 대다수의 관상어 개량이 판매자들에 의해 이뤄지고 있는 반면, 구피는 사육자들의 성취욕이 더 큰 역할을 해냈다고 볼 수 있다. 물론 일부는 상업적인 목적으로 개량이 이뤄졌고, 최근에는 그러한 경향이 좀 더 강해졌다는 것도 부인할 수 없는 사실이다. 팬시구피 사육의 재미는, 동일한 품종일지라도 시간이 지나면 사육자들의 능력과 노력 여하에 따라 전혀 다른 형질 및 특색을 지닌 자손들이 태어난다는 점이다. 그래서 팬시구피를 통해 사육자들의 노력과 정성이 결과로 나타나게 되고 또 보람을 갖게 되는 것이다.

막구피(= 일반구피)

일반 수족관에서 판매하고 있는 저가의 구피를 보통 막구피라고 표현한다. 정확히 말하자면 믹스구피(mix guppy)라고 해야 할 것이다. 여러 형태가 교잡된 이 믹스구피는 이름을 붙이기도 모호한 개체들이 많다. 후대에도 다양한 형질이 나타나 정확히 '어떤 품종이다'라고 설명하기 어렵기 때문이다. 막구피보다는 그냥 믹스구피나 일반구피 정도로 칭하는 것이 적절할 것 같다. 일반적으로 믹스구피를 아주 천대하는 경향이 있는데, 수족관을 돌아다니다 보면 간혹 좋은 형질의 믹스구피들이 눈에 띄기도 한다. 대체로 개인이 사육하던 개체들을 수족관에 팔거나 가져다준 것인데, 필자의 경우 건강하기만 하다면 이런 개체들은 필요에 따라 구입도 하고 저렴한 가격 덕분에 횡재한 느낌도 들곤 한다.

국내 구피시장이 열악한 또 하나의 원인은, 몇 종류의 특정 구피에만 인기가 몰리는 현상이 유독 심해 다른 품종들은 최고의 퀄리티를 나타내도 거의 관심을 보이지 않는 경향 때문이다. 품종마다 각각 고유의 매력을 지니고 있고, 사육의 재미 또한 품종별로 매우 다르다. 믹스구피라고 해서 아름다운 팬시구피를 만들어 내지 못하는 것이 아니므로 생각의 전환이 있었으면 하는 바람이다.

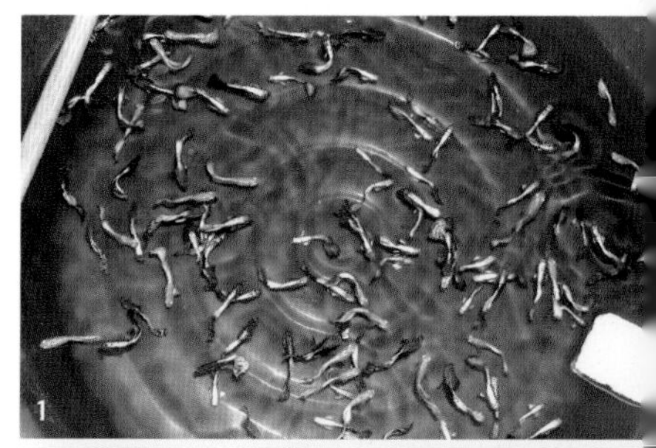

1. 태국 노천에서 판매하고 있는 일반구피
2. 봉지에 넣어 판매하는 먹이와 물고기들

02
section

팬시구피의 품종명 붙이는 법

앞서도 언급했듯이, 현재 전 세계적으로 수백, 수천 가지의 팬시구피가 개량돼 있으며, 각국의 구피 전문 브리더들이 지금도 계속해서 신품종을 개량하고 있는 상황이다. 이번 섹션에서는 이렇듯 셀 수 없을 정도로 다양한 구피의 품종명을 붙이는데 있어서 적용되는 나름의 원칙에 관해 설명하도록 한다.

구피의 품종명

구피를 사육하면서 관심을 갖고 전문적으로 접근하다 보면 수많은 이름 때문에 다소 혼란스럽기도 하고, 같은 형태의 구피라도 이곳저곳에서 서로 다른 품종명으로 불러 어느 것이 진짜로 맞는 명칭인지 궁금해지곤 할 것이다. 브리더들에 의해 교배를 통한 신품종도 계속해서 많이 나오고 있고, 그렇게 나온 구피들의 품종명은 또 어떻게 불러야 되는 것인지 헷갈릴 것이다. 하지만 그 수많은 구피의 이름을 다 알고 있는 사람은 없다. 또 원칙대로가 아닌 자기 나름대로 이름을 붙일 수도 있다. 기본 품종을 분류하는 방법, 품종명을 붙일 때의 순서에 대해 알아보자.

기본 품종의 분류

구피의 품종은 기본적으로 체색, 몸통의 무늬, 꼬리지느러미의 형태, 꼬리지느러미의 무늬, 꼬리지느러미의 색에 따라 다음과 같이 분류된다. 각각의 기준에 따라 분류되는 구피의 종류와 특성에 대해 간략하게 살펴보도록 하자.

■체색에 따른 분류 : 전신체색 변화 타입으로 그레이(Gray), 알비노(Albino), 화이트(White) 등이 있고 특수 체색으로 메탈(Metal), 플래티넘(Platinum)으로 나뉜다. 그레이는 가장 일반적인 체색으로 붕어의 몸 색과 비슷한 색이며, 다른 체색 타입에 비해서 우성이다. 골든(Golden)은 멜라닌색소의 변화 타입으로 몸이 금색을 띠게 되는데, 외국에서는 블론드(Blond) 타입이라고도 한다. 타이거(Tiger)는 비늘의 가장자리에 검은 선의 테두리가 있는 타입이고, 화이트는 흰색 보디의 타입이다.

알비노(Albino)는 멜라닌색소가 결핍된 백화현상(白化現象, albinism)이 나타난 개체를 말한다. 알비노 개체의 눈은 붉은색을 띠게 되는데, 구피에서는 짙은 포도주색과 맑은 분홍색의 두 가지 색이 나온다. 포도주색을 가진 품종을 알비노라 하고, 분홍색을 띠는 개체는 알비노와 구별해 리얼 레드 아이 알비노(Real red eye albino, RREA)라고 부른다.

메탈은 이마에 금속성의 진한 발색을 나타내는 것으로 수질, 건강상태, 기분 등에 따라 색이 변화하는 모습을 볼 수 있다. 온몸에 메탈기가 어린 개체도 있다. 플래티넘은 몸통이 백금 같은 은빛으로 반짝반짝 빛이 나는 품종을 말한다. 유사한 체색을 가리키는 것으로 코럴(Coral), 미카리프(Micariff) 등이 있다.

1. 골든 메두사(Golden medusa) **2.** 아콰마린 블루 모자이크(Aquamarine blue mosaic)

■몸통의 무늬에 따른 분류 : 턱시도(Tuxedo), 코브라(Cobra)로 나뉜다. 턱시도와 코브라는 구피

레드 턱시도(Red tuxedo)

의 특성 중 몸통에 가장 강한 특징을 나타내는 형태다. 턱시도는 마치 검은 예복(턱시도)을 입은 것 같다고 해서 붙여진 이름이며, 미국에서는 같은 개념이지만 일반적으로 하프 블랙(Half black)이라고 표현한다. 턱시도는 반드시 검은색만 있는 것은 아니고 핑구는 분홍색, 아콰마린은 파란색을 나타내고 녹색인 개체도 있다.

코브라도 턱시도처럼 미국에서 동일한 개념으로 스네이크 스킨(Snake skin)이라고 부른다. 뱀에서 볼 수 있는 무늬와 같은 무늬가 몸통에 표현돼 있다고 해서 붙여진 이름이다. 구피 중 가장 화려한 모습을 나타내는 코브라에서 개량된 갤럭시(Galaxy)와 메두사(Medusa)는 더욱더 진한 색상의 강렬함을 느낄 수 있다.

■ **꼬리지느러미의 형태에 따른 분류** : 와일드(Wild), 델타(Delta), 핀(Pin), 팬(Fan), 스페이드(Spade), 소드(Sword) 종류, 리본(Ribbon), 스왈로(Swallow) 타입, 레이스(Lace), 더블소드(Double sword) 등으로 나뉜다. 구피는 체색뿐만 아니라 꼬리 형태도 여러 타입이 있다. 위의 형태들이 대표적이지만, 조금씩 혼용된 형태의 꼬리 모양도 많이 볼 수 있다. 소드 종류만 해도 꼬리의 윗지느러미만 뻗은 탑 소드(Top sword), 아래만 뻗

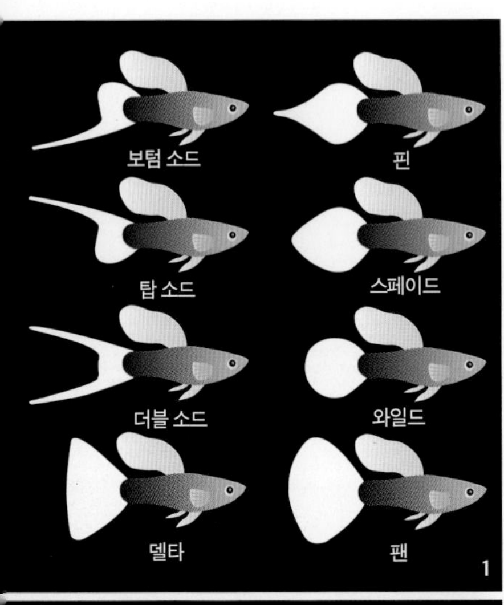

1. 꼬리지느러미별 여러 가지 형태 2. 라이어테일(Lyretail) 형태의 구피

은 보텀 소드(Bottom sword), 양쪽이 모두 긴 더블 소드(Double sword)가 있다. 조금 모양이 비슷해 헛갈리는 형태는 델타(Delta) 타입과 팬(Fan) 타입인데, 델타 타입이 삼각형으로 자라는 반면, 팬 타입은 델타와 비슷한 삼각형 모양이지만 부채꼴 모양으로 자라는 것이 차이점이다.

더블 소드와 비슷한 형태인 라이어테일(Lyretail) 타입은 꼬리에 ㄷ자 모양으로 움푹 파인 형태가 나타난다. 주로 레이스 코브라(Lace cobra)에서 많이 볼 수 있다. 리본 타입의 경우에도 등/옆/배지느러미가 길게 신장한 형태지만, 단순히 배지느러미만 길어지는 형태, 모두 같이 길어지는 형태 등 여러 모양이 있다. 스왈로 타입도 꼬리 끝이 날카롭게 찢어진 것처럼 보이는 타입과 일부러 재단한 것처럼 각진, 지느러미가 들쭉날쭉한 형태를 가진 개체로 구분된다. 최근에는 동남아에서 개량된 하프 문(Half moon; 반달 모양) 형태의 꼬리지느러미 모양도 볼 수 있다.

■ **꼬리지느러미의 무늬에 따른 분류** : 솔리드(Solid), 그라스(Grass), 코브라, 갤럭시, 모자이크(Mosaic), 레오파드(Leopard) 등으로 나뉜다. 구피는 매우 다양한 색상을 갖고 있는 열대어지만, 그에 못지않게 패턴에 있어서도 상당히 다양하게 나타난다.

솔리드는 한 가지의 단색으로만 표현되는 구피를 말한다. 풀 레드(Full red), 레드 테일(Red tail), 모스코 블루(Moscow blue) 등 꼬리의 색이 한 가지로 표현된 구피들이 해당되고, 무늬는 없다. 그라스는 잔디 씨를 뿌려 놓은 듯하다고 해서 붙여진 품종명이다. 최근에는 투명한 듯한 꼬리의 느낌 때문에 글라스(Glass)와 혼동하는 분들이 많다. 원뜻은 그라스에서 출발했지만, 최근에는 두 가지 다 넓은 의미로 혼용되고 있다.

코브라는 몸통의 무늬가 뱀이 지나간 흔적 같다고 해서 붙여진 품종명으로 꼬리지느러미에 검은색 선의 패턴이 길게 늘어진 형태다. 선의 굵기와 모양에 따라 킹코브라, 레이스 코브라 등으로 나뉜다. 갤럭시는 코브라에서 개량된 품종이며, 꼬리의 무늬는 오히려 코브라보다 레오파드에 가까운 표현형으로 일정한 규칙 없이 굵은 점이 나열된 형태다. 모자이크는 굵은 검은색 선이 꼬리 안쪽으로부터 바깥쪽으로 일정하게 퍼져나간 형태다. 레오파드는 말 그대로 꼬리지느러미의 무늬가 표범무늬와 같이 나타난다고 해서 붙여진 이름이다.

1. RREA 메탈 풀 레드(RREA metal full red) 2. 블루 델타(Blue delta) 3. 더블 소드(Double sword)

■ **꼬리지느러미의 색에 따른 분류** : 주로 원색을 사용하며 빨강, 파랑, 노랑, 녹색, 검정 등 5가지 분류의 조합만으로도 수없이 많은 종류의 구피가 나올 수 있다. 이러한 분류조차도 가장 기본적인 것일 뿐, 이외에도 수많은 변종이 존재한다.

품종명을 붙일 때의 순서

앞서 언급한 것처럼 체색, 몸통의 무늬, 꼬리지느러미의 형태, 꼬리지느러미의 무늬, 꼬리지느러미의 색 등 기본 품종의 분류방법에 따라 품종명을 붙이게 되며, 품종명을 붙일 때도 일정한 순서가 있다. 미국식과 일본식이 조금 다른데, 각각의 특징을 살펴보자.

■ **일본식** : 일본식은 우선 체색, 꼬리지느러미의 색, 꼬리지느러미의 무늬 또는 몸통의 무늬, 꼬리지느러미의 형태 순서로 품종명을 붙인다. 메탈 코브라를 예로 들어보자. 체색이 메탈이고 꼬리색이 노란색, 꼬리무늬가 코브라이며 꼬리 형태가 더블

여러 가지 종류 및 색상의 수컷 구피들

소드라면 '메탈 옐로우 코브라 더블 소드' 타입이 된다. 그러나 통상 이 분류대로 적용되지 않는 것도 많은데, 모스코나 핑구의 경우가 그렇다. 예를 들어, RREA 레드 턱시도 리본 타입은 체색, 꼬리의 색, 몸통의 무늬, 꼬리의 형태가 되는 것이다.

■미국식 : 미국식의 경우 명명 자체가 매우 간단하고 다분히 주관적인 경향이 높다. 예를 들면, 미국에서는 턱시도를 하프 블랙(Half black)이라 칭하고, 코브라는 스네이크 스킨(Snake skin)이라고 부르는 식이다. 명명은 최소 기본단위에서 벗어나는 개체들은 모두 한 덩어리로 부르는 것이 특징이다. 일본식은 RREA를 세분화해서 나누는 데 반해, 미국에서는 알비노를 RREA와 같이 묶어서 알비노라고 칭한다.
한편, 메탈은 미국에서 분류 품종으로 인정하지 않는다고 한다. 색이 3종류 이상 섞여 있으면 그것도 모두 AOC(any of color)나 멀티 컬러(multi-color) 등으로 묶어서 부른다. 우리가 부르는 블랙 턱시도(Black tuxedo)라면 미국식으로는 그냥 블랙이라고 부르면 되고, 레드 턱시도면 하프 블랙 레드(Half black red)라고 하면 된다.

구피의 품종명을 정리하며

구피의 품종명을 붙이는 데는 지금까지 설명한 것과 같은 원칙이 있지만, 이것이

RREA 옐로우 턱시도(Real red eye albino yellow tuxedo)

꼭 지켜야 하는 국제적으로 공인된 사항은 아니다. 사례가 많지는 않지만, 지명이 나 사람 이름을 붙이는 경우도 있다. 구피 사육의 선진국인 독일, 일본, 미국이 각자 자기들 나름의 스타일에 따라 제각각 부르고 있고, 우리나라의 경우 그것을 혼용해 사용하고 있는 데다가 동남아시아에서 불리는 이름마저도 수족관에서 품종명인 것처럼 판매되고 있기도 하다. 아무래도 따라가는 입장인 우리들로서는 이미 마련된 이름을 사용하는 것에 익숙한 탓도 있겠고, 우리 나름의 명칭을 붙인다고 해도 세계적으로 통용되는 명칭과 혼동되는 명칭의 사용은 불가능하리라 본다.

아름다운 팬시구피를 기르면서 저먼(독일)이니 재팬(일본) 블루니 하는 것처럼 구피 명칭에 국가명을 붙이는 경우도 있는데, 결코 바람직한 현상으로 보이지 않는다. 여러 가지 요인에 따라 품종명이 혼용돼 사용되지만, 이런 현상은 최근 미국 내에서도 나타나고 있어 명칭의 단일화는 어려울 것으로 보인다. 예외는 있지만, 앞서 언급한 것과 같은 방식으로 품종명을 구분해 부르고 있으므로 품종명을 잘 모르는 구피를 보더라도 이 순서에 따라 부르면 보다 쉽게 이름을 알 수 있을 것이다.

최근 '구피'라는 명칭이 외국인들은 알아듣지 못한다는 이유로 다른 명칭으로 부르자는 주장도 일부 제기되고 있다. 하지만 우리나라에서 몇십 년간 불리며 고유명사화된 '구피'라는 소중한 명칭을 바꾸자는 의견에는 개인적으로 공감이 가지 않는다.

03
section

팬시구피의 품종 분류 및 소개

지금까지 팬시구피의 품종명을 붙이는 방법에 대해 살펴봤다. 이번 섹션에서는 팬시구피의 대표적인 품종은 어떤 것이 있으며 그 특징은 무엇인지 알아본다.

턱시도(Tuxedo)

턱시도(Tuxedo)는 1963년부터 1964년에 걸쳐 뉴욕의 브리더 프레드 삼에르손이 공식적으로 발표했다. 그 후 맥 카리크스틴이나 쟈노 카르디로가 몸의 4분의 3이 검은 낯선 모양의 개체를 골라낸 것 같다. 이들은 이 원형을 폴 하넬한테서 입수한 것으로 보인다. 하지만 턱시도는 1960년대 초 독일에서 개량된 것으로 알려져 있고, 당시에는 블루와 그린의 두 가지 타입이 선보였다. 이후 많은 개량과정을 통해 현재까지도 인기 품종인 저먼 옐로우 턱시도(German yellow tuxedo)도 나왔다.
유럽과 미국의 구피 개량 역사를 대조해 보면, 폴 하넬이 유럽으로부터 턱시도의 원형을 가져온 것으로 추측된다. 덧붙이자면, 일본에서 말하는 저먼 옐로우 턱시도는 1960년대 후반에 독일의 게오하르트에 의해 고정돼 콘테스트에서 발표됐다.

턱시도 개체의 특징은, 수컷들은 턱시도의 흔적이 뚜렷하지만 암컷들은 품종에 따라 진하게 표현되는 것과 희미하게 표현되는 것으로 나뉜다. 개량된 역사가 길어서 구피의 고전적인 품종들이 많고 인기 품종도 많다. 턱시도 개체의 사육에 있어서 가장 큰 문제점은 턱시도 부분의 색이 옅어진다는 것인데, 골든(Golden)과 그레이(Gray) 개체를 적절히 사용해 브리딩해야만 짙은 턱시도를 유지할 수 있다.
턱시도의 경우 꼬리지느러미의 색과 등지느러미의 색이 동일해야 하고, 깨끗한 단색을 띨수록 좋은 품종이라고 할 수 있다. 암수 모두 등 쪽에 메탈릭한 은빛이 어려 있어야 하고, 네온 턱시도(Neon tuxedo)와 저먼 옐로우 턱시도의 경우 주둥이에 흰색의 입술연지를 갖고 있는 특징이 나타난다. 레드 턱시도, 블루 턱시도, 파스텔 턱시도, 네온 턱시도, 블랙 턱시도, 그린 턱시도, 모자이크 턱시도, 레오파드 턱시도, 옐로우 턱시도, 아콰마린 턱시도(Aquamarine tuxedo), 핑구 턱시도(Pingu tuxedo) 등이 있다.

■ **레드 턱시도**(Red tuxedo = 하프 블랙 레드) : 앞에서도 잠깐 언급했지만, 하프 블랙 레드 종은 필자가 구피와 첫 인연을 맺게 됐던 품종이다. 80년대 초반 국내 대부분의 수족관에 구비된 구피가 하프 블랙 레드 종이었으니, 어찌 보면 이 품종 외에는 선택의 여지가 없었는지도 모르겠다. 이처럼 당시 국내 구피의 대표모델 격이던 품종이 하프 블랙 레드인데, 이후 국내에서는 오히려 구피 문화가 발달했다는 현시점이 그 당시보다도 이 품종에 대해서만큼은 질적으로나 양적으로 많이 퇴보됐다.
검은 턱시도에 새빨간 꼬리를 펄럭이며 군영하는 수컷들의 모습은 많은 구피 품종 중에서도 상위로 꼽을 만큼 매력적이다. 다만 개체의 퀄리티가 떨어질 때는 지저분해 보인다는 단점이 있는 품종이기도 하다. 콘테스트 입상 기준에 등지느러미와 꼬리지느러미의 색이 동일해야 한다는 규정이 있는데, 이 부분이 상당히 어렵다. 그래서인지 국내에서나 외국에서도 레드 턱시도를 사육하는 층이 매우 얕은 현실이고, 품종의 인기에 비해 사육 인기는 그다지 높지 않은 편이라고 할 수 있다.
기본 브리딩 방법을 설명하면, 암컷 종어는 그레이 보디를 사용하는 게 좋다. 골든 보디의 암컷을 사용하면, F1 세대 수컷의 턱시도 검은색이 약해진다. 하프 블랙 라인은 X염색체를 통해 유전되는 라인이며, 수컷의 검은색은 암컷으로부터 유전된

다. 따라서 하프 블랙 레드의 암컷과 다른 아무런 색의 구피를 교배했을 때도 100% 하프 블랙을 얻을 수 있다. 한배의 새끼들 가운데서 등지느러미가 가장 큰 암컷을 이용하는 것이 좋은데, 이 암컷들은 계속 기르면 등지느러미가 매우 길어진다. 또한, 꼬리지느러미가 델타 테일이나 탑이 긴 형태를 갖춘 암컷을 사용하는 것이 좋지만, 국내의 현실상 구하기가 쉽지 않기 때문에 될 수 있으면 델타에 가까운 암컷을 사용하는 것이 좋다.

레드 턱시도(Red tuxedo)

꼬리지느러미의 색깔에 있어서는 밝은 빨간색 꼬리지느러미를 가진 암컷, 밝은 파란색이나 자주색의 꼬리지느러미를 가진 암컷의 두 가지 타입을 이용하는 것이 좋다. 꼬리지느러미에 흰색이 들어가거나 패턴이 들어가는 암컷은 피해야 한다. 꼬리에 흰색이 들어가는 암컷은 하프 블랙 부분이나 꼬리지느러미 시작 부분의 체색을 연하게 한다. 꼬리에 패턴이 들어간 암컷에게서는 등지느러미나 꼬리지느러미에 검은 점이나 좋지 않은 패턴이 들어 있는 수컷이 나올 가능성이 있다.

꼬리지느러미 색이 가장 좋은 수컷을 낳는 암컷은, 꼬리지느러미가 옅은 자주색 빛깔을 띠는 개체다. 하지만 이 암컷이 낳는 새끼들은 빨간 꼬리지느러미를 가진 암컷이 낳는 새끼들만큼 크게 자라지 못한다. 빨간색 꼬리지느러미를 가진 암컷의 수컷 새끼들은 매우 크게 성장한다. 여기서 나오는 큰 수컷을 자주색 꼬리지느러미를 가진 암컷(조금 작은)과 교배하는 방법이 색깔과 크기에서 가장 좋은 결과를 얻을 수 있다.

만약 작은 암컷에서 나오는 어두운 빨간색의 수컷을 사용하면 라인은 계속 작아지는 경향이 나타나게 되며, 수컷의 체색은 점점 어두워지게 된다. 빨간 꼬리지느러미의 암컷에서 나오는 크기가 큰 수컷을 자주색의 암컷과 교배하면 좋은 색깔과 크기를 가진 수컷을 얻게 되며, 이 방법으로 교배하면 암컷의 경우 빨간 꼬리지느러미와 자주색의 꼬리지느러미를 가진 암컷이 반반씩 나오게 된다.

블루 턱시도(Blue tuxedo)

■**블루 턱시도**(Blue tuxedo = 하프 블랙 블루) : 레드 턱시도와 마찬가지로 기본 품종이며, 오래된 품종이기도 하다. 블루 턱시도는 필자에게도 아주 의미 있는 품종이다. 필자가 사육하던 개체를 대만의 친분 있는 브리더에게 보내준 적이 있는데, 그 개체로 자국에서 열린 콘테스트에서 우승했던 일이 있다.

국내에서는 그다지 인기가 없지만, 해외에서는 많은 사육자들이 찾는 인기 품종이다. 해외 콘테스트에서는 이 품종만 단독으로 심사하기도 한다. 최근 들어 국내에서도 조금씩 선호도가 높아지고 있지만, 좋은 개체를 찾아보기가 상당히 어렵다.

하프 블랙 블루도 풀 레드나 하프 블랙 레드와 마찬가지로, 단색이지만 블루의 다양한 색이 표현된다. 그러나 색의 유지가 어려운 품종이다.

필자의 사견으로는, 모스코(Moscow) 품종의 경우 블루, 퍼플, 그린으로 나뉘어 따로 불리지만 사실상 넓은 범주에서는 같은 개체라고 보듯이, 이 하프 블랙 블루 또한 블루, 퍼플, 그린을 같은 개체로 봐도 무방할 듯싶다. 심지어 색이 진한 개체의 경우는 블랙 턱시도까지도 이 범주에 포함시켜야 하지 않을까 하는 생각마저 들게 하기도 한다.

검은색이라고 느껴질 만큼의 짙은 남색에서부터 그린이나 옅은 파란색까지, 폭 넓은 색감을 보여주는 것이 하프 블랙 블루의 장점이자 또 한편으로는 품종 유지에 있어서 겪게 되는 어려운 부분이다.

품종을 유지하기 위해서는 깨끗한 단색과 짙은 색감을 유지해야 하는 게 포인트인데, 하프 블랙 블루

역시 암컷의 꼬리에 패턴이 들어가 있는 경우 단색에 잡티와 같은 패턴 기가 생겨 지저분해 보이며, 턱시도 품종의 동일한 고민인 색이 옅어지는 문제가 가장 어렵고 골치 아픈 부분이다. 최근에는 네온 턱시도를 미국의 경우 저먼 블루 다이아몬드(German blue diamond)라고 부르기도 하는데, 이는 아마도 디스커스(Discus, *Symphysodon spp.*)의 '블루 다이아몬드'라는 명칭의 영향이 아닐까 생각된다. 자꾸 구피 품종명에 저먼을 붙이는 것이 볼썽사납기도 하지만, 그만큼 작은 색의 변화라도 개량 자료화해서 자신들의 이름을 붙이려고 하는 것이 한편으론 부러운 생각이 들기도 한다. 우리나라에서도 개량 시 국가명을 붙이지는 않더라도 지향해야 할 점으로 보인다.

필자가 턱시도 종류를 사육하면서 발견한 재미있는 특징이 하나 있다. 하프 블랙 레드, 하프 블랙 파스텔 순으로 움직임이 빠르고 활동적인 반면, 하프 블랙 블루와 하프 블랙 옐로우는 상대적으로 움직임이 둔하다는 점이다. 하프 블랙 블루는 다음 대에 치어를 받을 때 레드 개체가 섞여 나오는 경우 브라오(Brao) 턱시도와 레드 턱시도를 섞어서 작출한 개체이며, 미국 개체 중 레드 치어가 나오지 않는 하프 블랙 블루는 작출과정이 이와는 다를 것으로 추정되고 있다. 미국 개체들은 크기와 짙은 색감이 장점이다. 오랜 인브리딩(inbreeding; 동계교배)의 영향 때문인지 세대를 이어가도 색 빠짐 현상이 덜 나타나는 반면, 독일은 밸런스와 밝은 색감이 장점이지만 크기가 작고, 대만은 밸런스와 색감은 좋지만 후대에 색 빠짐이 심한 편이다.

하프 블랙 블루의 색 유지를 위해 브라오(일반적인 레드 계열의 체색을 블루 계열로 바꿔주는 역할을 한다)로 표현되는 개체들을 적절하게 이용하는 것이 중요하다. 단, 브라오는 개체를 작게 만들기 때문에 일반 블루 개체와 적절하게 사용해야 한다. 암컷은 꼬리에 패턴이 들어가지 않은 깨끗하고 검은 색감의 개체를 고르고, 라운드형의 꼬리보다 위가 긴 탑형의 개체를 쓰는 것이 좋다. 하프 블랙 블루의 경우 사육난이도는 중급이지만, 품종 유지 및 개량에 있어서 난이도는 상급이라고 보면 된다. 요즘은 블루 사육자가 많으므로 국내에도 좋은 품종이 더욱 많아질 것으로 생각된다.

옐로우 턱시도(Yellow tuxedo)

■ **옐로우 턱시도**(Yellow tuxedo = 하프 블랙 옐로우) : 만약 발색이 제대로 된 하프 블랙 옐로우(Half black yellow) 개체를 본다면 누구나 기르고 싶은 충동이 들 정도로 매우 아름다운 품종이지만, 좋은 개체를 구하는 것은 고사하고 구경하는 것 자체도 너무나 어렵다. 이 품종만큼은 미국의 개체가 독보적이다. 다른 나라의 개체들은 노란색이 상당히 옅어서 하프 블랙 옐로우의 아름다움이 조금은 반감된다. 미국의 게리&팀 모우세우(Gary and Tim Mousseau) 형제가 옐로우 턱시도 브리더로 유명하다.

개인적으로 미국에서 두 차례 수입해서 사육해 봤지만, 모두 불임으로 후대를 보여주지 않아 실패했던 경험이 있다. 옐로우 턱시도 품종을 사육할 때 상당히 어려웠던 점은, 출산하는 치어의 숫자가 적고, 델타 타입의 꼬리 형태가 다음 세대에서 자꾸 다른 형태로 바뀐다는 점을 들 수 있다.

하프 블랙 옐로우 품종은 국내에서 구하기가 꽤 어려운 편이다. 국내 모 구피 전문 수족관에서 판매하는 개체를 구입해 본 적이 있는데, 역시나 수준 이하였다. 이때 구입한 개체를 개량하고자 하프 블랙 파스텔(Half black pastel; 흰색 꼬리를 가진 턱시도)과 교잡시켜 봤지만, 다음 세대의 수컷 꼬리지느러미에 검은 때처럼 발현이 돼서 결국 포기한 경험이 있다. 후에 알게 된 사실은 필자가 섞은 형태는 미국에서는 좋지 않은 조합으로 알려져 있었다. 이 품종에 대한 정보는 알려진 바가 별로 없어 이 정도로만 소개하도록 하겠다.

■**저먼 옐로우 테일 턱시도**(German yellow tail tuxedo = 하프 블랙 파스텔) : 국내에서 대중적으로 가장 널리 알려진 팬시구피 중의 하나인 저먼은 전 세계적으로도 구피 애호가들의 사랑을 가장 많이 받는 품종이다. 독일의 프랑크푸르트에 살고 있던 치과의사 게르하르트 겔릭히(Gerhard Gellrich)가 만든 품종이며, 저먼이라는 명칭은 일본에서 도이치 옐로우 테일 턱시도라고 부르던 것을 우리나라에서 우리식으로 변형해 부르게 된 것이다. 하프 블랙 파스텔과 동일한 이름이며, 나라마다 명칭이 다를 뿐이다. 요즘은 흰색 꼬리에 보이는 노란색이 거의 없는 화이트 종도 개량돼 나오고 있다.
파스텔 사육 시 가장 어려워하는 부분이 턱시도의 색 빠짐 현상인데, 이를 방지하기 위해서는 라인을 다르게 해서 서로 아웃 크로스(outcross; 이종교배)하거나, 믿을 만한 이웃의 개체를 주기적으로 교배시켜 주는 것이 좋다. 특히 파스텔에서 많이 보이는 일롱게이티드 타입의 경우, 일롱게이티드만으로는 꼬리 형태가 유지되지 않으므로 반드시 노멀 타입과의 아웃 크로스가 필요하다. 초기에는 앞가슴에 붉은 점이 있는 개체들이 많았는데, 개량해 오면서 이 붉은 점이 꼬리 색에 영향을 미치는가에 대한 의견 대립이 있었고, 최근에는 이 점이 있는 개체를 찾아보기 힘들게 됐다.
미국 하프 블랙 파스텔의 경우 턱시도의 색이 진하고 사육자가 달라도 거의 동일한 색을 나타내며 등 쪽의 플래티넘 흔적이 적게 들어가지만, 성장하면 허리가 많이 휘는 단점(미국 구피들의 전반적인 단점)이 있다. 일본의 경우는 턱시도의 색이 옅고 사육자마다 조금씩 차이가 나며, 전체적으로 미국 개체에 비해 고정률은 떨어진다. 대만의 경우 독일, 일본 등에서 수입한 개체를 많이 섞어 내놓다 보니 각 나라의 단점들이 보완돼 허리 휨 없는 큰 크기의 개체들을 만들어 냈지만, 고정률은 가장 떨어진다.
파스텔은 암수 종어를 다른 품종보다 빨리 잡아줘야 하는데, 이는 나이를 먹을수록 출산하는 치어의 수가 적어지는 경향이 있기 때문이다. 암컷의 종어 선택 때 꼬리가 시작하는 부분에 노란 빛이 적은 개체를 사용해야 한다. 하프 블랙 파스텔은 수초어항에 가장 자연스럽게 어울리는 색상을 가졌으며, 특히 조명조건이 좋은 수초어항에서 많은 숫자의 하프 블랙 파스텔이 군무를 이루는 장면은 몽환적인 분위기를 자아낼 만큼 매혹적이다. 턱시도 품종들이 대부분 그렇듯이, 사육난이도는 그리 높지 않으나 개체 유지 난이도는 상당히 높아 초보자에게는 버거운 품종이라고 할 수 있다.

1. 알비노 핑크 화이트 2. 플래티넘 핑크 화이트 3, 4. RREA 네온 턱시도

■ **핑크 화이트**(Pink white) : 핑크 화이트는 미국에서 개량된 품종으로, 꼬리지느러미를 비롯해 허리 밑부분까지 흰색이 표현되는 유전 형태를 갖고 있다. 턱시도의 핑크 화이트와 파스텔을 혼동하는 경우가 많은데, 논란의 여지는 있지만 위에서 말한 특징이 없다면 핑크 화이트 유전자가 발현이 안 됐거나 없는 일반 파스텔이라고 봐야 할 것 같다. 참고로 핑크 화이트는 Y염색체에 포함돼 있는 유전자로서 수컷으로 유전된다.

■ **네온 턱시도**(Neon tuxedo) : 최근 콘테스트에서 많은 상을 받고 있는 품종으로 밝은 하늘색이 상당히 매력적이다. 네온의 밝은 하늘색은 브라오와 레드를 섞어서 나온 F1의 형질이다. RREA 네온 턱시도를 하프 블랙 블루의 RREA 형태로 오해하는 사육자도 있는데, 하프 블랙 블루는 블루 자체가 하나의 형질이다. 그래서 아직까지는 하프 블랙 블루의 RREA 타입이 발표된 적이 없다. 누구라도 블루의 RREA 타입을 만들어 낸다면 세계 최초가 될 것이다. 기타의 품종에 비해 크기를 키우기도 어렵지 않고, 다른 RREA 개체에 비해 시력은 좋아서 아주 건강한 품종이다.
개량 품종으로 토파즈(Topaz), 슈퍼 화이트(Super white) 등이 많이 알려져 있다. 토파즈는 아쾨마린 블루와 네온 턱시도를 교잡해서 만든 품종으로 네온 턱시도보다 플래티넘이 전신에 표현돼 약간 광택이 나는 느낌이다. 슈퍼 화이트는 일본에서 불리는 상품명으로 네온 턱시도의 RREA 타입 중 화이트 체색의 개체를 이르는 말이며, RREA 브라오 턱시도가 맞는 표현이다.

핑크 화이트

알비노 핑크 화이트

플래티넘 핑크 화이트

플래티넘 핑크 화이트

네온 턱시도

네온 턱시도

핑구 턱시도(Pingu tuxedo)

■**핑구 턱시도**(Pingu tuxedo) : 핑구는 턱시도 형질이다. 단, 열성이며 상염색체 상에 있는 핑크 유전자가 턱시도의 검은색 색소를 발현하지 못하게 해 턱시도 부분이 분홍색으로 보이는 것이다. 예쁘고 활동적인 품종이지만, 크기가 작고 꼬리지느러미를 델타로 유지하기 힘들어 사육하는 사람이 많지는 않다.
메탈과 섞은 메탈 핑구 턱시도(Metal pingu tuxedo)나 플래티넘 핑구 턱시도(Platinum pingu tuxedo)는 원형 핑구보다 더 앙증맞고 허리의 분홍색을 더욱 돋보이게 한다. 2000년대 초에 발표된 신품종으로 팬더 핑구라는 개량종도 있다. 우리는 핑구를 분홍색 구피라는 의미인 '핑크색 구피'의 준말로 알고 있지만, 일본어로 분홍색이 핑구(ピンク)인 것을 보면 일본에서 붙여져 통용된 품종명인 것 같다.

■**아콰마린 턱시도**(Aquamarine tuxedo = 재팬 블루) : 아콰마린은 구피 품종 중에서 역사가 그리 오래되지 않은 신품종 중 하나지만, 국내 구피 애호가들 사이에서는 별로 주목받지 못하고 있다. 턱시도가 검은색의 허리, 핑구가 분홍색의 허리를 가지는 데 비해 아콰마린은 허리가 하늘색을 띠는 품종이다.
구피의 경우 개나 고양이 등과 같이 전체적인 모습으로 품종의 이름을 붙이는 것이 아니라 허리, 꼬리, 전신 체색 등에 따라 각각의 품종이 있어 이 조합으로 품종의 이름이 결정되는 것이 특징이다. 아콰마린은 다른 부분에 대한 명칭은 아니고, 허리 부분에 대해 이름을 붙인 품종이다. 재팬 블루(Japan blue)라는 이름으로 불리기도 하는데, 일본에서 개량됐다고 알

핑구 턱시도 - 블루 타입

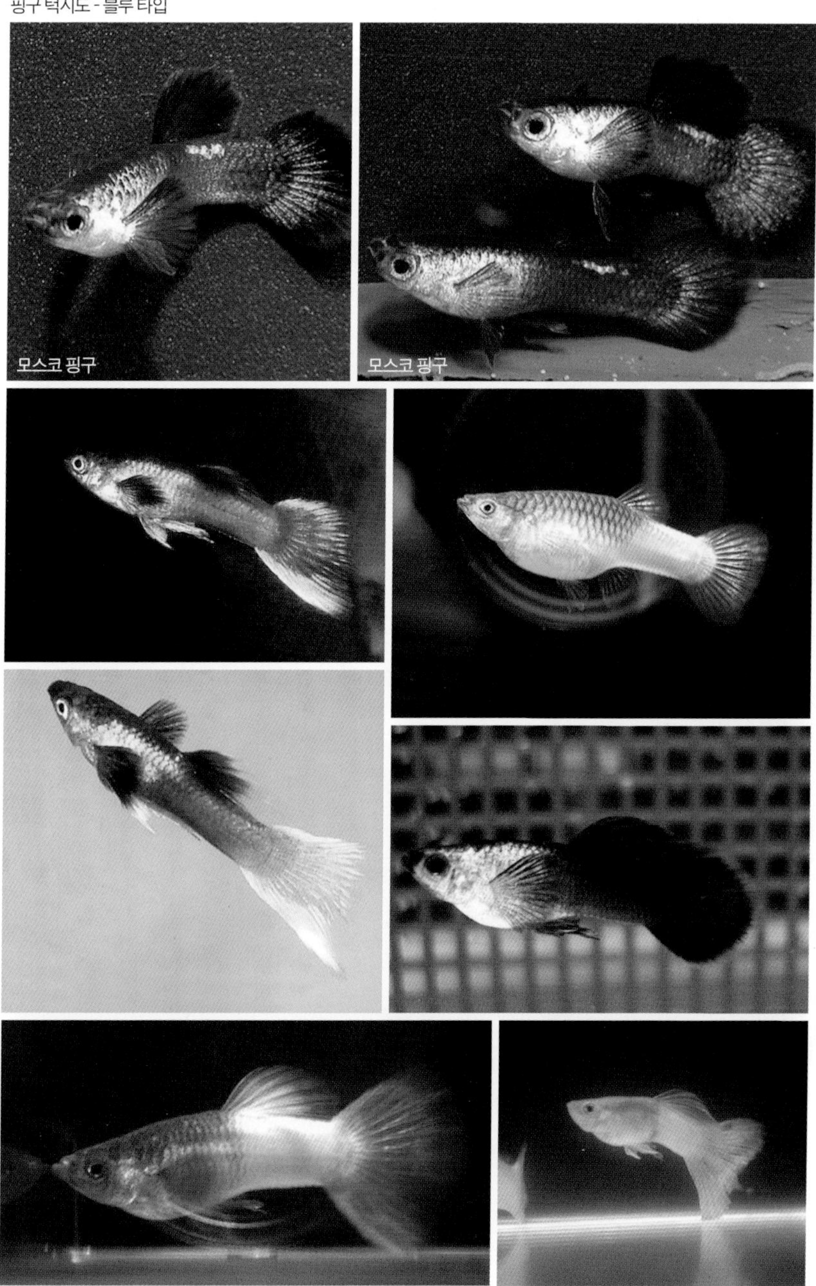

1. 아콰마린 블루 턱시도 **2.** 아콰마린 레드 모자이크 **3.** 아콰마린 블루 턱시도 **4.** 라즈리

려져 있지만 이 부분도 확실하지는 않다. 따라서 굳이 재팬 블루라고 부르는 것보다는 하늘색에 가까운 파란색을 가리키는 색상의 이름인 아콰마린이라는 이름으로 부르는 것이 더 낫다는 생각이다.

와일드 타입(wild type)에서 직접 개량이 이뤄졌으며, 허리색에 따른 품종이라는 점에서 핑구와 비견할 만하다. 특히 색상이 맑은 파스텔 톤의 분홍색(핑크색)과 하늘색(아콰마린색)이라는 점에서 비슷한 경향의 품종들이라고 할 수 있다. 다만 아콰마린이 핑구와 다른 점은 다음과 같이 두 가지를 들 수 있겠다.

우선 핑구(XtYtpp)는 열성의 유전자로 다른 품종과 교배할 때는 F1에서는 전혀 출현하지 않고 F2에서 1/4이 출현하는 반면, 아콰마린(XYj)은 수컷으로만 유전이 되는 한성유전(限性遺傳, sex-limited inheritance)이면서 우성의 형질이어서 아콰마린 수컷과 다른 품종을 교배할 때는 F1에서 모두 아콰마린 수컷을 얻을 수 있다는 점이다. 또 다른 중요한 차이점은, 핑구의 경우 와일드 타입의 유전자와 연관돼 있어 핑구는 무조건 와일드 타입의 체형을 갖게 되는 반면, 아콰마린은 와일드 타입의 유전자와는 연관돼 있지 않아 교잡을 통해 다양한 타입을 만들어 내기가 비교적 용이하다는 것이다.

아콰마린에서 파생했다고 알려지고 있는 라즈리(Lazuli)는 아콰마린보다 세련되고 품위 있는 아름다움을 갖는 블루 계통의 품종이지만, 최근에는 미국의 블루 델타와 교배된 개체 정도로 평가하며 일반적으로는 그다지 친숙하지 않다. 아콰마린이 하반신에 푸른색이 표현되는 형질이라면, 라즈리는 상반신에 푸른색이 표현되는 유전형질이라고 생각하면 될 거 같다.

아콰마린 턱시도

아콰마린 라운드 테일

아콰마린 레드 테일

아콰마린 실버 그라스

아콰마린 블루 모자이크

아콰마린 옐로우 그라스

아콰마린 레드 모자이크

아콰마린 블루 그라스

솔리드(Solid)

솔리드는 단색의 꼬리 타입을 가진 종류를 일컬으며, 레드(Red), 옐로우(Yellow), 그린(Green), 블루(Blue), 퍼플(Purple), 블랙(Black) 등이 있다. 콘테스트 심사의 기준은 다른 색상이 전혀 섞이지 않은 깨끗한 단색의 체색을 기본으로 한다.

■**풀 레드**(Full red) : 풀 레드는 미국의 에드가드 체이슨(Edgard Chiasson)이 처음으로 개량했다고 알려져 있으나, 다른 한편으로 캐나다의 브리더가 먼저라는 설도 있다. 전 세계적으로 비슷한 시기에 개량돼 현재 가장 인기 있는 품종으로 발전됐다. 국내에서도 명실상부한 최고 인기 품종으로 많은 사육자로부터 사랑받고 있다.
미국이나 유럽 품종 모두 색깔로 치면 동일해 보이지만, 미국의 풀 레드는 Y염색체로 유전하는 형태이고 유럽 쪽은 상염색체로 유전된다고 알려져 있다. 미국과 유럽 쪽 라인을 교배한 대만과 일본의 풀 레드는 Y염색체와 상염색체 그리고 X염색체에도 풀 레드로 표현되게 하는 유전자가 있는 것으로 검정이 되고 있다. 이처럼 나라마다 다양하게 발전돼 온 풀 레드를 사육하다 보면, 간혹 다음 대에서 부모와는 다른 형질로 나타나는 경우도 확인할 수 있다.

풀 레드(Full red)

하프 블랙 레드와 마찬가지로, 그레이와 골든 개체를 적절히 교배해야만 색이 너무 밝아져 오렌지빛으로 된다거나 너무 검붉은 체색으로 바뀌는 것을 막을 수 있다. 풀 레드가 러시아에서 개량돼 폴란드를 거쳐 유럽에 퍼졌는데, 저먼 풀 레드는 독일을 통해 들어온 풀 레드에 붙인 이름으로 알려져 있다. 기존 풀 레드와 약간의 색감 차이가 나타날 뿐 큰 차이는 없다.
최근에는 암수 모두 주둥이 쪽이 빨간 품종과 등지느러미를 극대화시킨 품종, 모스코 블루와 섞어서 만든 모스코 풀 레드(Moscow full red), 메탈 레드 코브라(Metal red cobra)와 섞은 메탈 풀 레드(Metal full red) 등 여러 가지 개량 품종이 등장하고 있다.

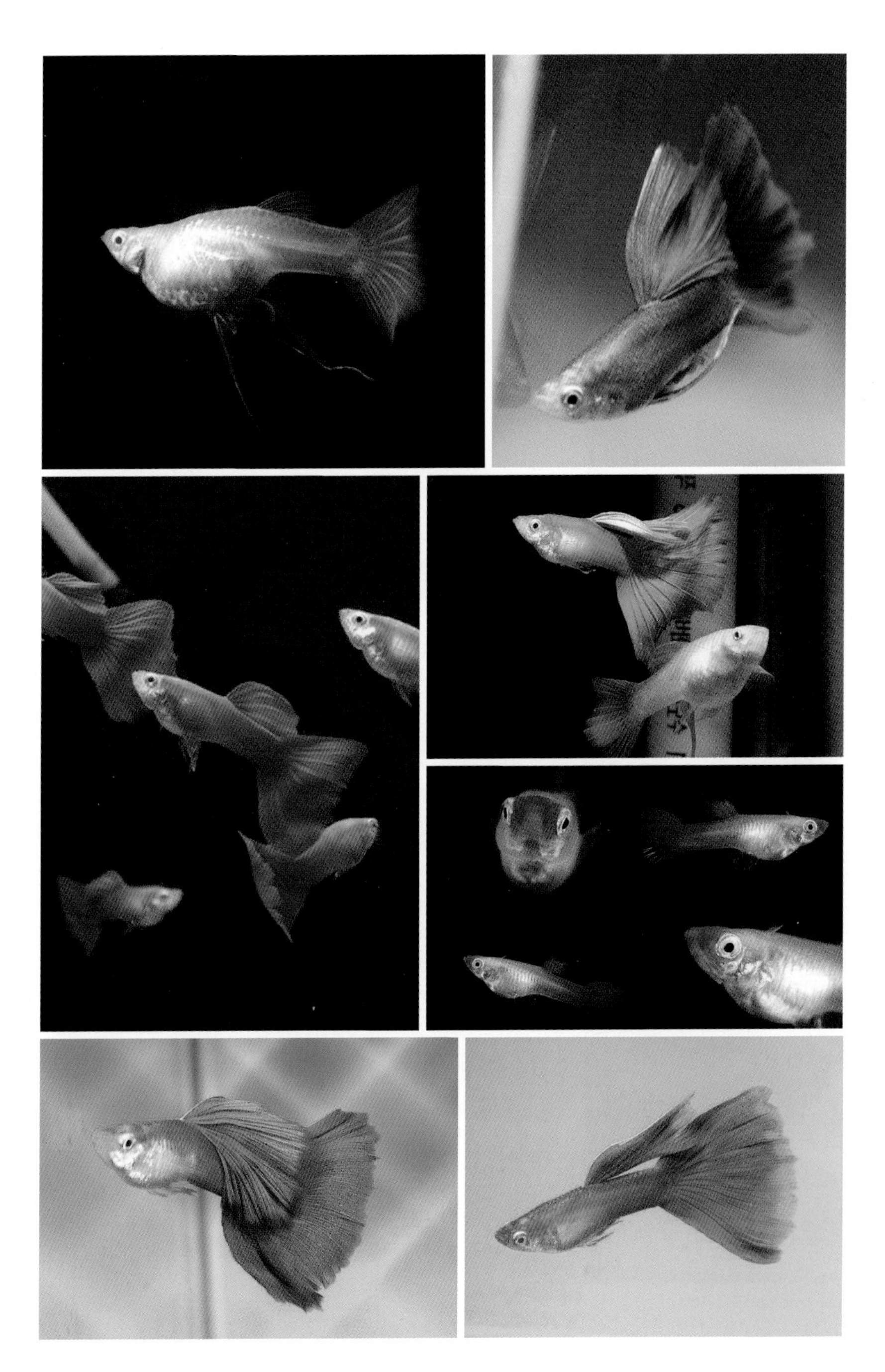

모스코 블루(Moscow blue)

■**모스코 블루**(Moscow blue) : 모스코 품종은 러시아에서 구피와 몰리(Molly, *Poecilia spp.*)의 교잡으로 탄생한 것으로 알려져 있다. 필자에게 있어서 이 부분은 아직도 의문이 드는 점인데, 과연 '다른 난태생 물고기와 자연적으로 교잡이 가능할까?'라는 것이다.

필자가 어린 시절 친구네 집에서 구피를 사육하고 있었는데, 수조에 구피 암컷 한 마리와 소드테일(Swordtail, *Xiphophorus spp.*) 수컷 한 마리를 길렀다. 그 수컷 소드테일이 암컷 구피에게 구애행동을 했다. 물론 치어를 낳았지만, 암컷 구입 당시에 이미 임신상태였던 것인지 교배가 된 결과인지 알 수는 없다. 아무튼 당시 적극적인 교미행동을 했었던 것으로 기억된다.

과거에는 모스코 품종이 상당히 크기가 큰 상태였고, 색상도 매우 어두운 푸른색에 은빛의 메탈릭한 레이어가 있었으며, 치어를 잘 생산하지 못했다고 한다. 이후 다른 구피 품종들과의 교잡으로 과거와는 다른 지금의 모스코 품종이 나오게 됐다고 한다.

모스코 품종은 조명에 따라 다양한 색으로 표현되는 것을 볼 수 있는데, 블루(Blue)와 퍼플(Purple) 그리고 그린(Green)은 체색의 작은 변화로 분류되는 것이며 크게 보면 동일 품종으로 간주해도 무방하다.

암컷 개체에 따라 색이 빠진 노란 형질의 구피들을 출산하는 경우도 볼 수 있는데, 이는 조상들의 교잡 영향으로서 도태시키는 것이 바람직하다. 모스코는 원래 라인브리딩(linebreeding; 계통번식, 동종이계번식)을 했을 때 개체가 점점 나빠지는 특성이 있어서 다른 사육자 개체와의 아웃 크로스를 권장한다.

■**레드 테일**(Red tail) : 레드 테일 역시 작출과정이 명확하게 밝혀지지 않아 개량과 관련해서 여러 가지 학설만 난무하고 있는 상황이다. 심지어 순수한 구피끼리 교배한 것이 아니라 다른 난태생 종과의 교잡(hybridization)으로 탄생했다는 주장도 있다.

품종 유지를 위한 방법은 하프 블랙 레드(Half black red)와 동일하다. 골든(Golden)과 그레이(Gray)를 세대를 건너가며 교배시켜야만 아름다운 꼬리지느러미 색을 유지할 수 있다. 풀 레드의 개량 초기에는 배 부분까지 색이 빨갛게 표현되지 않아서 레드 테일 품종과 혼동하는 경우도 많았지만, 개량에 발전을 거듭하면서 확연한 차이를 보이고 있다.

국내 수족관에서 흔하게 볼 수 있고 판매되고 있는, '플라맹고'라고 하는 상품명을 가진 구피가 바로 이 레드 테일 구피다. 플라맹고라는 명칭은 조류 중 홍학의 한 품종인 '플라밍고(Flamingo; 홍학과의 미국큰홍학, 갈라파고스홍학, 큰홍학, 칠레홍학, 쇠홍학 따위를 통틀어 이르는 말. 플라맹고라는 명칭은 작명과정에서 변형된 것 같다)'라는 새의 색에 빗대 붙여진 이름이다. 그러나 아쉽게도 판매되는 대부분 개체의 꼬리지느러미 형태가 라운드 테일(Roundtail)이어서 이 품종이 지니고 있는 고유의 아름다움이 반감되는 것 같다는 생각이 든다.

델타형 꼬리지느러미를 지닌 레드 테일 성어의 무리는 마치 빨간 드레스를 입은 아름다운 여인을 보는 듯한, 매우 매혹적인 모습이 특징이다. 국내에서 흔하게 볼 수 있는 품종임에도 불구하고, 제대로 형태를 갖춘 레드 테일을 보기란 쉽지 않은 일이다.

레드 테일(Red tail)

■**블루 테일**(Blue tail) : 레드 품종과 다른 아주 재미있는 발색을 보인다. 블루 테일의 경우 몸통에 붉은색이나 검은색 반점이 나타나는데, 솔리드 품종이 단색이 기준이라는 규정을 들어 이의를 제기하기도 한다. 구피의 품종을 나눌 때 지느러미의 형태, 몸통의 색상, 꼬리의 색상과 무늬로 구분하는 것에 기초하면, 솔리드는 전신이 아닌 꼬리지느러미의 색을 기준으로 판별해야 하는 것이 맞을 것 같고 블루 테일은 솔리드 기준에 벗어나지 않는다는 것이 옳다고 여겨진다.

몸통에 나타나는 붉은 반점은 와일드 타입의 특징들이 발현된 것이다. 야생상태에서는 수컷에게서 보이는 붉은 반점이 진할수록, 먹이섭취 상태가 좋고 암컷에게 더 좋은 반응을 얻는 것으로 알려져 있다. 저먼의 경우에도 머리 쪽에 붉은 반점이 나타나는데, 이 반점이 꼬리에 표현돼 없애야 한다는 주장과, 이런 개체를 종어로 사용해야 한다는 주장이 브리더들 사이에서 나오고 있다. 보통은 붉은 반점이 나타나는 개체는 제외시키는 것이 일반적이다. 블루의 붉은 점과 검은 점은 일단 꼬리에 영향을 미치지는 않는 것으로 보이고, 영양상태나 발육이 좋다는 증거가 될 수 있으므로 오히려 종어용으로 선별하는 기준이 될 수도 있다.

블루 테일 품종은 다른 블루 품종들과는 다르게 색 빠짐 현상도 드물고 건강하며, 크기도 상당히 큰 편이다. 국내에서는 블루 테일 품종 역시 찾아보기가 힘들고, 좀 어두운 파란색을 띠기 때문인지 인기가 없는 품종이지만, 성어가 됐을 때의 매력은 일반 인기종에 비해 절대 뒤떨어지지 않는다고 말할 수 있다.

블루 테일(Blue tail)

■**풀 블랙**(Full black) : 몸 전체가 붉은색으로 나타나는 풀 레드(Full red)의 경우와 마찬가지로, 풀 블랙은 몸 전체가 검은색으로 표현되는 품종이다. 사육에 있어서 풀 레드와는 다르게 색 빠짐에 대한 염려는 거의 없는 반면, 체형을 굵고 크게 만드는 것과 델타 타입의 꼬리 모양을 유지하는 것이 어려운 부분이다.

개량의 역사는 그다지 오래되지 않은 품종이며, 모스코(Moscow) 품종과의 교잡을 시점으로 형태의 결점이 많이 보완됨으로써 다른 품종과 비교해도 손색이 없을 정도의 체형과 크기를 보여주고 있다. 모든 열대어 종류에서 나타나는 특징이기는 한데, 국내에서는 검은색에 대한 인기가 적기 때문에 이 풀 블랙 또한 대중적으로 큰 인기를 얻지는 못하고 있다.

하지만 풀 블랙은 상당히 건강하고 개체별 퀄리티 차이가 적은 품종이다. 또한, 수조 속에서 임팩트가 강해 매우 아름다우며, 초보사육자에게 권하고 싶은 품종이다. 개량의 역사가 그리 오래되지 않아 그동안 좋은 개체를 만나는 것이 쉽지 않았지만, 최근에는 다른 품종에 견줘도 손색없는 형태 및 색상의 풀 블랙들이 많이 개량돼 나와 매력을 더하고 있는 품종이다.

참고로, 풀 블랙과 모스코 블랙(Moscow black)을 같은 품종으로 보는 의견도 있고 다른 품종으로 보는 의견도 있는데, 두 품종 간에는 다음과 같은 차이점이 보인다. 우선 풀 블랙은 모스코 블랙에 비해 검은색이 짙으며, 색의 변화가 전혀 없다. 또한, 풀 블랙은 강한 조명을 비췄을 때 모스코 블랙과는 달리 파란색이 나타나지 않고 금속성의 광택도 볼 수 없다.

풀 블랙(Full black)

그라스(Grass)

그라스는 모자이크(Mosaic) 품종으로부터 개량된 것으로 알려져 있고, 그 원종은 유럽에서 아시아로 반입돼 1960년대 싱가포르에서 수출하기 시작했다고 한다. 이 품종 역시 작출과정에 대한 기록은 거의 전해진 바 없지만, 일본에서 개량해 대중화된 대표적인 품종이다. 블루(Blue), 레드(Red), 옐로우(Yellow), 실버(Silver)가 주색상이고, 색이 혼합된 개체를 멀티 그라스(Multi grass)라고 한다. 이 중 블루 그라스(Blue grass)는 HB 파스텔과 풀 레드에 못지않은 인기를 누리고 있는 품종이다.

꼬리지느러미에 자잘한 점무늬의 패턴을 보이고 몸통에는 그라스 특유의 검은 반점이 있으며, 금속광택의 야생종에 가까운 체색을 낸다. 암수 모두 등지느러미의 색과 무늬(뚜렷한 점)가 꼬리지느러미와 동일하게 나타나는 것이 좋은 개체다. 델타형의 꼬리 모양보다는 부채꼴의 팬 테일 개체가 많으며, 꼬리지느러미의 위아래 끝이 둥그렇게 나온 형태가 많다. 암컷도 명확하게 보이지는 않으나 지느러미에 점의 패턴을 보이며, 다른 품종보다 치어를 낳는 숫자가 많고 치어의 크기가 작은 편이다. 패턴의 형태는 점이 고르게 나온 것과 굵은 선 두 가지로 표현되는데, 두 형태 모두 검은색이 뚜렷하게 나타나고 일정하게 표현된 개체를 우수한 개체로 인정한다. 꼬리지느러미가 시작되는 곳에 노란빛이 나타나는 개체가 많은데, 노란색이 적을수록 좋다.

레드 그라스는 진한 붉은색을 표현하기가 어려워 이런 점을 보완하고자 레드 모자이크와 교배했는데, 그 흔적으로 그라스와 모자이크의 어중간한 형태로 나타나는 경우가 많다. 블루 그라스의 개량과 품종 유지는 상당히 난이도가 높아 개체의 아름다움에 빠져 사육하다 포기하는 사육자가 많다.

블루 그라스 사육 시 보통 섞여 나오는 레드 그라스는 도태시키는 경우가 많은데, 일반 사육자들은 블루 그라스만으로 대를 이어가는 데 반해, 브리더들은 레드 그라스를 이용해 블루 그라스 암컷 라인을 유지하며 품종을 개량해 나가기도 한다. 그라스 품종은 짧은 시간에 성과를 기대하기보다는 오랜 시간 동안 노력을 기울여야 훌륭한 결과를 기대할 수 있다.

블루 그라스(Blue grass)

■블루 그라스(Blue grass) : 팬시구피 사육자라면 누구나 아름다운 모습에 반해 한 번씩 사육해 보고 싶어 하는 인기 품종이다. 최근에는 가격도 많이 저렴해지고 판매 개체도 많이 늘어나 구하기가 쉬워졌다. 국내에서는 몇 군데를 제외하고는 블루 그라스라고 부르기에는 형태적으로 너무 나쁜 개체를 판매하고 있는 상황이다. 따라서 크기는 좀 작더라도 형태적으로 특징을 잘 갖춘 개체를 골라 구입해야 한다.
메탈을 섞은 메탈 블루 그라스(Metal blue grass)는 몸체의 금속성 메탈 색상과 잘 조화를 이뤄 한층 더 세련된 멋을 낸다. 몸통 옆면에 나타나는 검은색 바(bar)는 블루 그라스가 지닌 특징 중 하나로, 반드시 있어야 하는 것은 아니지만 제대로 표현된 바의 차이에 따라 느껴지는 아름다움에 차이가 난다.

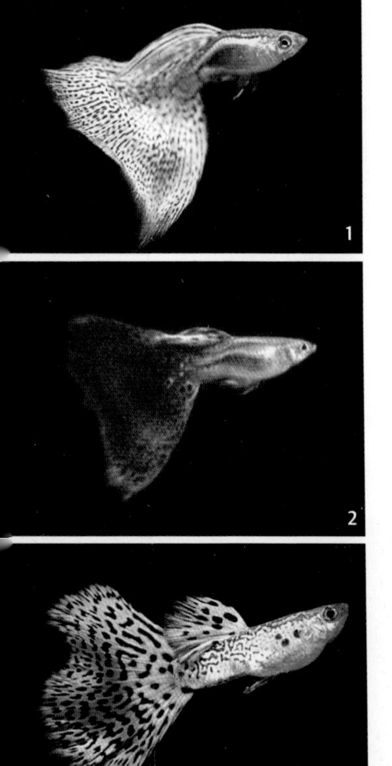

1. 블루 그라스 2. 레드 그라스
3. 옐로우 그라스

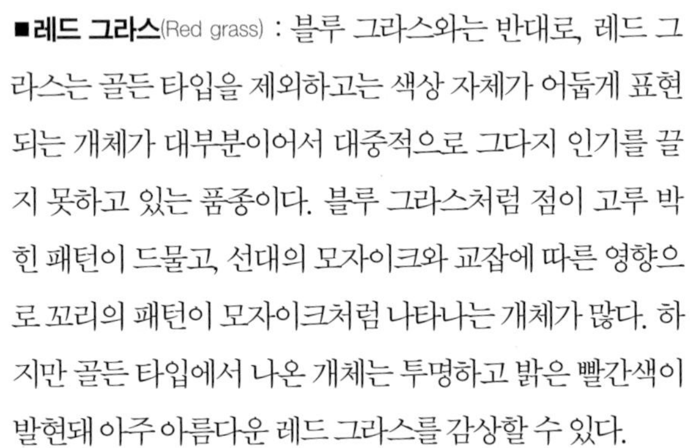

■레드 그라스(Red grass) : 블루 그라스와는 반대로, 레드 그라스는 골든 타입을 제외하고는 색상 자체가 어둡게 표현되는 개체가 대부분이어서 대중적으로 그다지 인기를 끌지 못하고 있는 품종이다. 블루 그라스처럼 점이 고루 박힌 패턴이 드물고, 선대의 모자이크와 교잡에 따른 영향으로 꼬리의 패턴이 모자이크처럼 나타나는 개체가 많다. 하지만 골든 타입에서 나온 개체는 투명하고 밝은 빨간색이 발현돼 아주 아름다운 레드 그라스를 감상할 수 있다.

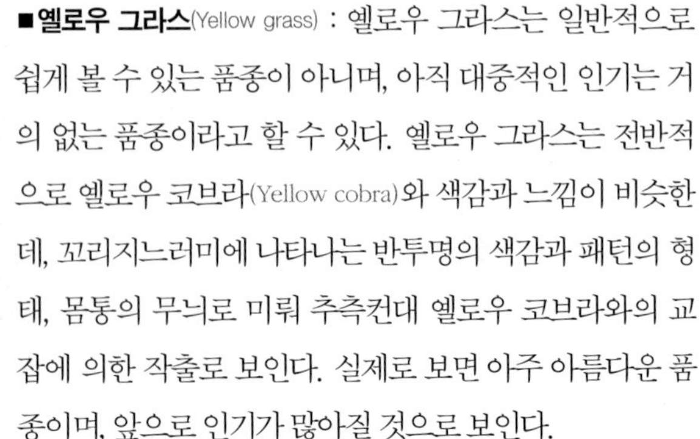

■옐로우 그라스(Yellow grass) : 옐로우 그라스는 일반적으로 쉽게 볼 수 있는 품종이 아니며, 아직 대중적인 인기는 거의 없는 품종이라고 할 수 있다. 옐로우 그라스는 전반적으로 옐로우 코브라(Yellow cobra)와 색감과 느낌이 비슷한데, 꼬리지느러미에 나타나는 반투명의 색감과 패턴의 형태, 몸통의 무늬로 미뤄 추측컨대 옐로우 코브라와의 교잡에 의한 작출로 보인다. 실제로 보면 아주 아름다운 품종이며, 앞으로 인기가 많아질 것으로 보인다.

블루 그라스

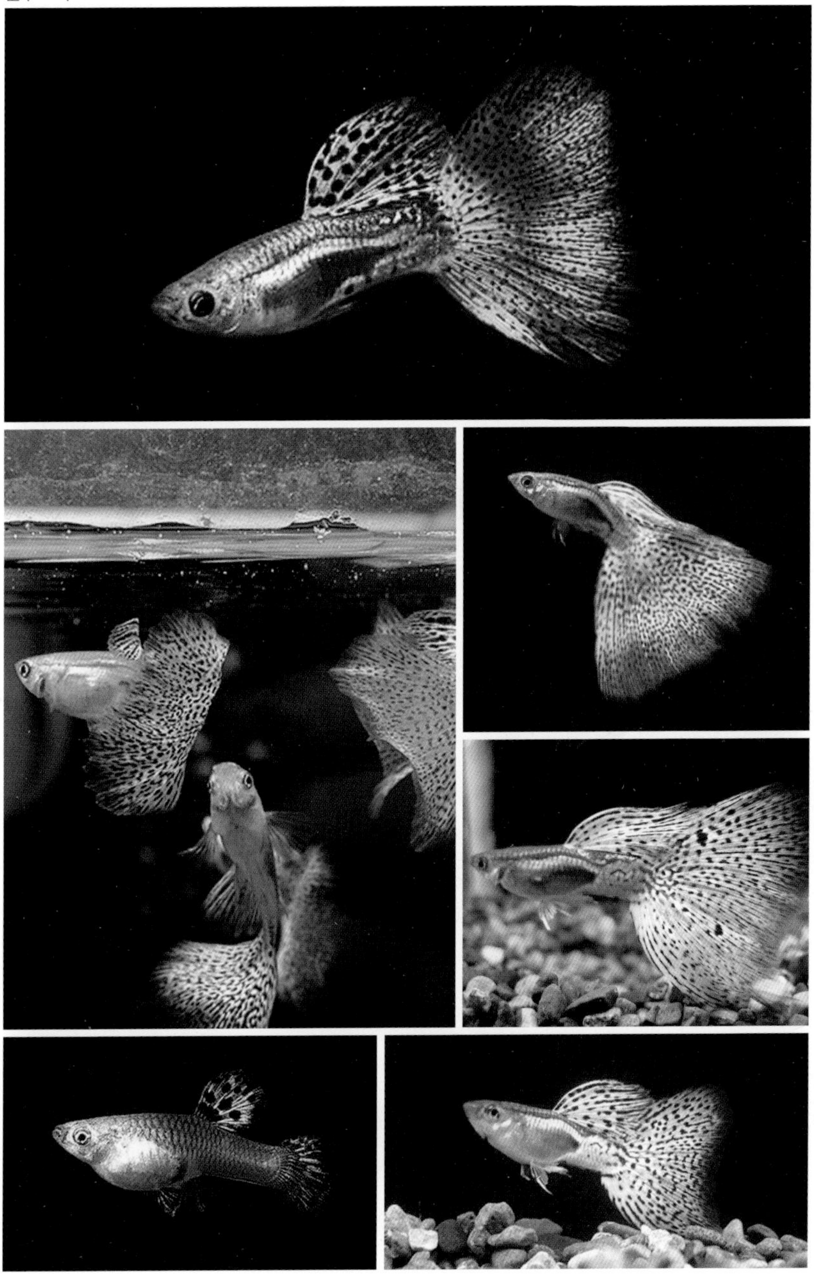

블루 그라스

블루 그라스

블루 그라스

레드 그라스

레드 그라스

옐로우 그라스

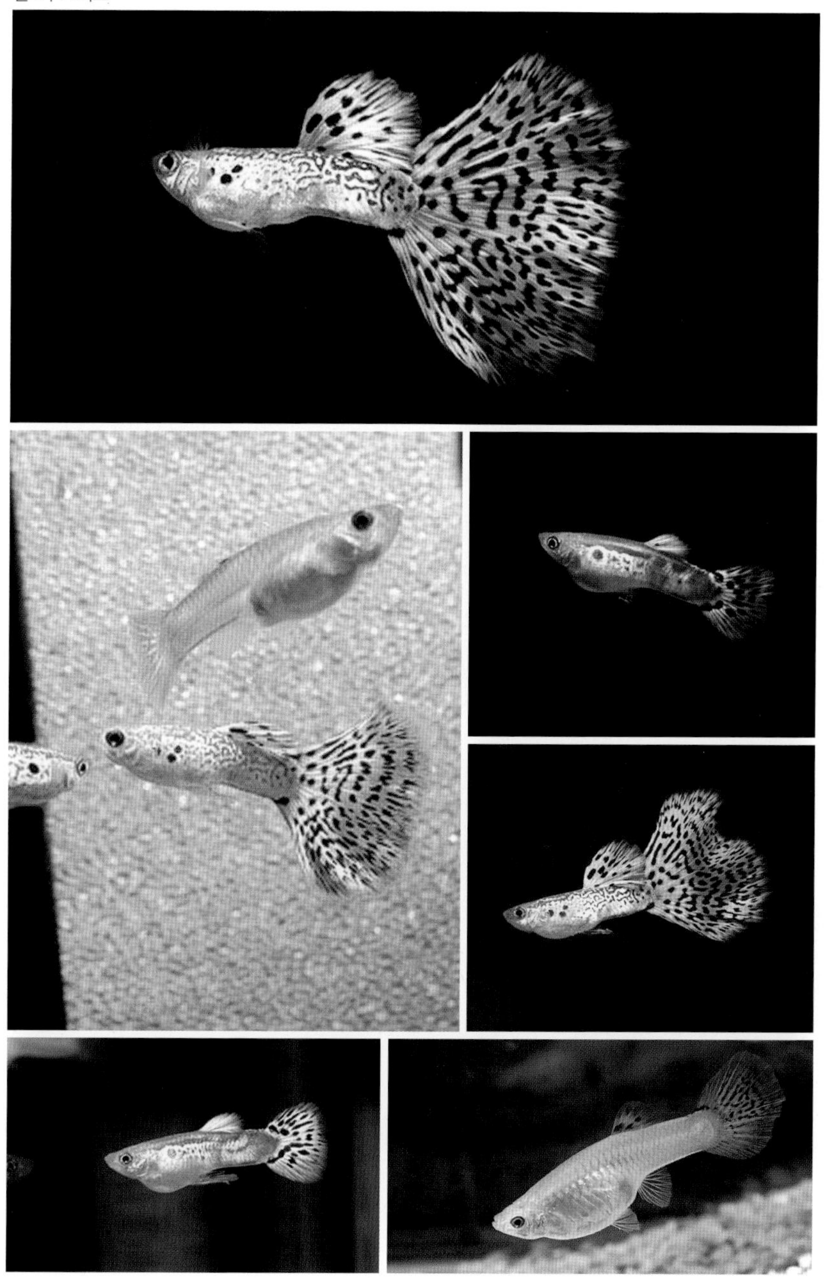

모자이크(Mosaic)

모자이크란 이름 역시 일본에서 붙여진 것으로, 1960년대 독일에서 수출된 턱시도 계통에서 모자이크 유전자를 발견하고 고정작업을 시작했다. 초기 독일의 와일드 타입(wild type)으로부터 턱시도를 개량하는 과정에서 발생한 변종으로 보인다고 한다. 모자이크 품종은 다른 품종을 개량할 때 많이 사용돼 왔으며, 개량의 역사도 오래되고 대중적인 품종이다. 그러나 레드 모자이크는 일반적으로 흔히 볼 수 있는 반면, 블루 모자이크는 품종 유지가 어렵고 상당히 고가로 거래되고 있다.

꼬리지느러미에 나타나는 선은 굵고 선명해야 하며, 선이 끊기지 않고 이어져야 한다. 국내 수족관에서도 레드 모자이크는 많이 판매되고 있다. 암컷은 그라스와 마찬가지로 수컷처럼 패턴이 표현돼 있고, 꼬리지느러미 위쪽이 긴 개체가 많다. 다른 품종의 알비노 개체를 이용해 알비노 모자이크를 작출할 수도 있다. 쉽게 구할 수 있는 RREA 레드 테일과의 교잡을 예로 들면, RREA 레드 암컷과 모자이크 수컷에서 나온 F1 암컷에 노멀 레드 테일을 교배하면 F2에서 알비노 모자이크 암수를 얻을 수 있다. 이 두 개체를 다시 교배하면 F3에서 약 50%의 알비노 모자이크를 얻을 수 있다.

보잘것없는 번데기에서 아름다운 나비가 탄생하듯, 치어 때 지저분하게만 보이던 형태가 성어가 되면서 화려한 바탕색과 무늬로 발현되는 것을 보면, 구피 사육자라면 꼭 한번 사육해 보라고 권하고 싶을 정도로 매력적인 품종이다. 매우 건강한 품종이라 사육난이도는 낮은 편이지만, 패턴 품종이 다 그렇듯이 종어 선별과 품종 유지가 어렵다. 특히 블루 모자이크의 경우 경험이 적은 사육자들은 피하는 것이 좋겠다.

블루 모자이크(Blue mosaic)

기본색은 레드와 블루 두 가지지만, 다른 품종과의 교배가 많아 턱시도 모자이크, 올드 패션 모자이크 등 여러 종류의 모자이크 품종을 볼 수 있다. 일반적으로 모자이크 코브라의 경우는 보디에 코브라 패턴이 매우 훌륭하게 표현되는 사례가 많은데, 이는 코브라 패턴의 형성을 방해하는 유전자가 없기 때문이다.

■**블루 모자이크**(Blue mosaic) : 예전에 대만 최고의 브리더

라는 곽정태의 숍에 방문했을 때 그 많은 구피 중 필자의 눈길을 사로잡은 품종이 블루 모자이크였다. 너무 탐이 나서 일단 가격을 알아보고 구입하려고 물어봤는데, 그때 당시 우리 돈으로 33만 원 정도를 달라고 했다. 너무 비싸서 고심 끝에 결국 사지 못하고 돌아온 기억이 있다. 그 비싼 가격에도 불구하고 구매욕구를 느끼게 할 만큼, 패턴이 예쁜 블루 모자이크를 보기란 쉽지 않다.

나중에 상위 개체의 약 1/3 가격인 개체로 구입해서 사육해 보니, 약 100마리 정도 되는 F1 수컷들 중 눈에 차는 패턴의 수컷은 3마리만을 얻어냈을 정도로 좋은 개체를 만들어 내기가 쉽지 않다. 충분히 사랑받을 수 있는 매력을 지니고 있는 품종이지만, 이런 어려움 때문에 대중적으로 인기를 얻지 못하고 있는 점이 아쉽게 느껴진다.

■ **레드 모자이크**(Red mosaic) : 레드 모자이크는 블루 모자이크보다는 상대적으로 사육하기가 훨씬 수월하다. 같은 수컷의 마릿수에서 패턴이 좋은 개체 수가 나올 확률이 블루 모자이크보다는 훨씬 높은 편이다. 그래서인지 일반 수족관에서도 레드 모자이크와 믹스된 동남아산 품종들이 많이 보인다. 일본에서는 많은 사랑을 받은 품종이지만, 국내에서는 '싼 구피'라는 이미지가 강해 제대로 대접받지 못하고 있다. 그러나 높은 퀄리티의 레드 모자이크 개체를 접한다면 누구나 욕심을 낼 만큼 매력적인 품종이다.

1, 2. 블루 모자이크 **3, 4.** 레드 모자이크

블루 모자이크

레드 모자이크

코브라(Cobra)

코브라 원종은 독일에서 개량됐다고 알려졌으나, 실질적으로는 1967년 미국의 '맥 구피 해처리'라는 구피농장으로부터 전 세계에 공급됐다고 전해진다. 하지만 1959년 독일이 드쯔비로(Dzwillo)의 논문에 이 유전자에 대한 설명을 수록한 것으로 보아 독일에서 개량된 것이 맞는 듯하다. 대부분 일본에서 코브라라는 품종명을 만든 것으로 알고 있지만, 사실은 미국의 상품명을 일본에서 그대로 쓰면서 발전된 것이다.

수컷으로만 유전되는 한성유전자라고 알려져 있으나, 최근에는 이것이 잘못됐다는 학설도 제기되고 있다. 많은 사육자가 'X염색체 상에는 레이스 유전자, Y염색체 상에는 코브라 유전자'라고 알고 있지만, 이에 반박하는 의견이 최근에는 힘을 얻고 있고 일부 암컷으로도 유전되는 것이 확인되고 있다. 코브라 암컷은 대부분 패턴이 들어가지 않는 '무지'라고 표현되는 개체들이 일반적이며, 유전적으로 영향을 주지 않기 때문에 다른 품종의 대리모 역할을 많이 한다고 알려져 있다. 하지만 실제로는 영향을 주는 암컷들도 있기 때문에 교배 시 치어들을 잘 관찰해 봐야 한다. 미국에서는 코브라라고 부르지 않고 스네이크 스킨(Snake skin)이라고 부르며, 몸통 부분에 뱀의 표피에 나타나는 것과 같은 줄무늬가 들어가 있는 것이 특징이다.

코브라 계통의 단점은 등지느러미가 다른 품종에 비해 상대적으로 빈약하다는 것인데, 최근에는 이 부분에 대한 개량이 많이 진행돼 상당히 풍성한 등지느러미를 가진 개체들이 자주 보인다. 꼬리지느러미의 패턴은 모자이크와 그라스의 중간 정도 되는 패턴이 기본으로 꼬리지느러미의 패턴 모양에 따라 킹코브라, 레이스 코브라, 코브라로 분류된다. 전체적으로 머리부터 꼬리까지 균일하게 무늬가 이뤄진 개체를 우수한 개체로 보고, 큰 점의 형태로 뭉친 개체는 선별 시 제외시킨다.

코브라 사육의 어려움은 꼬리 형태가 자꾸 무너지는 현상을 들 수 있는데, 꼬리지느러미 가운데가 움푹 들어간 라이어테일(Lyretail) 형태나 비대칭의 델타 꼬리가 되곤 한다. 다른 품종과 교배가 이뤄진 코브라들은 각각 교배된 해당 개체의 꼬리 형태를 따르는 것이 일반적이다. 국내에서는 메탈과 교배한 메탈 코브라(Metal cobra)가 인기를 끌었으나, 최근에는 레드 계열의 코브라들이 큰 인기를 얻고 있는 중이다. 그리고 코브라 품종으로부터 갤럭시와 메두사가 개량돼 알려져 있다.

코브라, 킹코브라

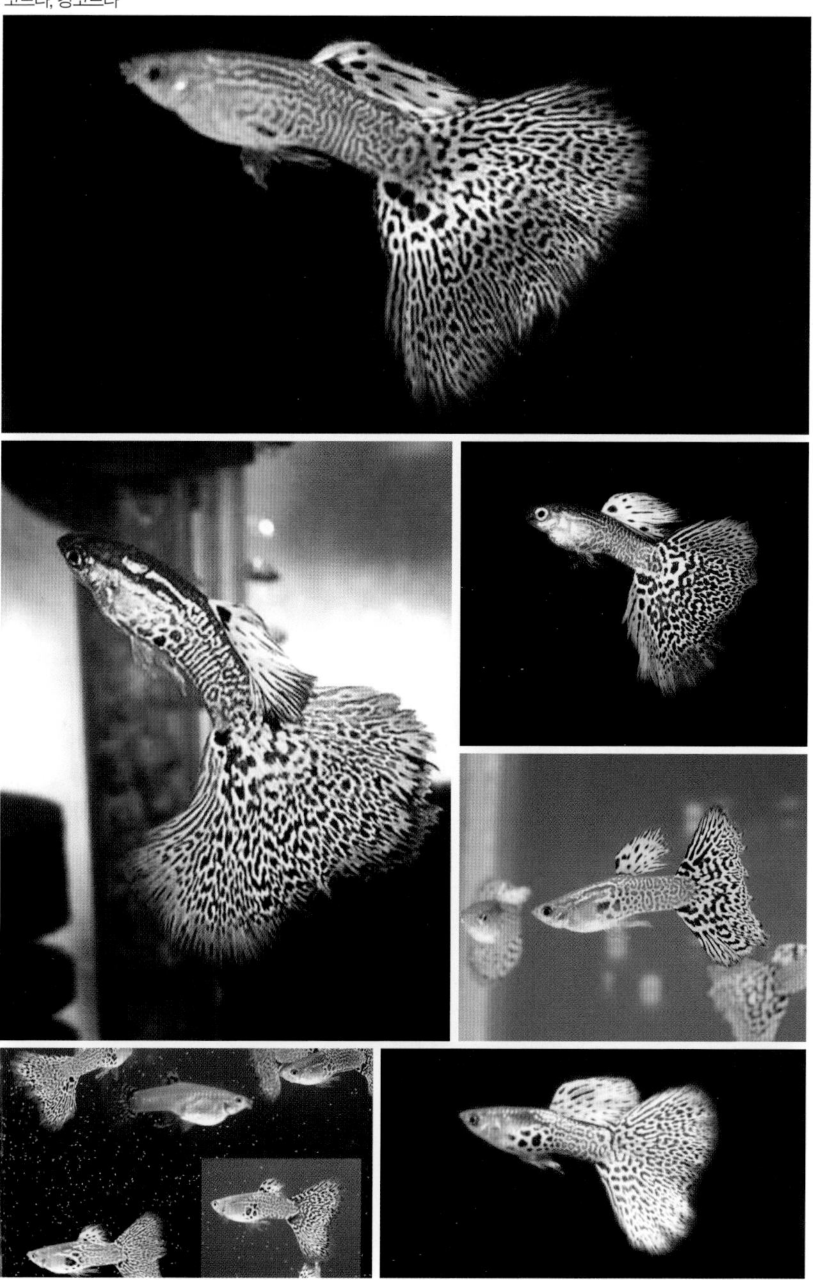

메탈 코브라

레드 코브라

레드 레이스 코브라

■ **메두사**(Medusa) : 지금까지 알려진 팬시구피의 많은 품종 중 가장 화려한 품종이라고 할 수 있는 메두사는 일본의 신도 세이지(しんどう せいじ)가 개량한 것으로 알려져 있다. 처음에는 전신에 금색 플래티넘의 발색이 나타나고 꼬리는 노란 발색을 띠는 구피를 만들기 위해 번식시킨 것인데, 그 번식과정에서 우연히 얻은 품종이라고 한다. 초기에 사용했던 종어는 히데시마(秀島, Hideshima)의 플래티넘 엘도라도 수컷이다. 1990년 독일의 시메르페니히(Schimmelpennig)로부터 수입한 플래티넘 엘도라도 라이어테일(Platinum El Dorado lyretail)을 올드 패션(Old fashion)과 교배해 델타 타입으로 바꾼 다음, 여기에 모자이크를 교배시킨 후 품평회에 출전시켰던 개체다.
다음 대의 자손들을 솔리드 금색의 꼬리로 만들기 위해 저먼, 저먼 레오파드, 킹코브라, 옐로우, 그라스 등의 노란색 꼬리를 갖고 있는 암컷들과 교배시키던 중 우연히 생겨났다고 한다. 그리고 이런 메두사로부터 전신이 금색 발색을 갖는 풀 골든이 탄생했다고 한다. 메두사는 상염색체에 솔리드 유전자를 가지고 있으며 저먼과 교배해 풀 골든이 나오는데, 플래티넘이 발현되지 않는 것은 저먼의 턱시도 영향인 듯하다.

■ **갤럭시**(Galaxy) : 메두사와 같이 플래티넘 엘도라도 라이어테일을 블루 그라스와 교배해 개량한 품종이다. 블루 그라스의 영향으로 블루와 레드 두 가지 타입의 체색이 나타난다. 몸통에는 제브리너스(Zebrinus; 몸통에 세로의 무늬가 표현되는 유전자)의 영향으로 세로 패턴이 나타나는 것이 특징이고, 메두사와 같이 몸체에 플래티넘 발색이 나타난다. 꼬리와 등지느러미에는 레오파드와 비슷한 둥근 형태의 점들이 박혀 있다. 어린 개체들은 상당히 지저분한 느낌이지만, 성체가 되면 독특한 매력을 주는 품종이다.
2000년대 초반만 해도 국내에 우수한 개체들이 있었지만, 최근에는 갤럭시라는 품종 자체를 찾아보기가 힘들다. 갤럭시나 메두사 사육자의 수가 거의 없기 때문이기도 하고, 사육난이도도 높기 때문인 것 같다. 필자도 독특한 아름다움에 매료돼 약 2년간 사육한 경험이 있는데, 코브라 품종에 매력을 느끼는 사육자라면 적극적으로 권하고 싶을 만큼 아름답고 매력적인 품종이다.

갤럭시(Galaxy)

메두사

갤럭시

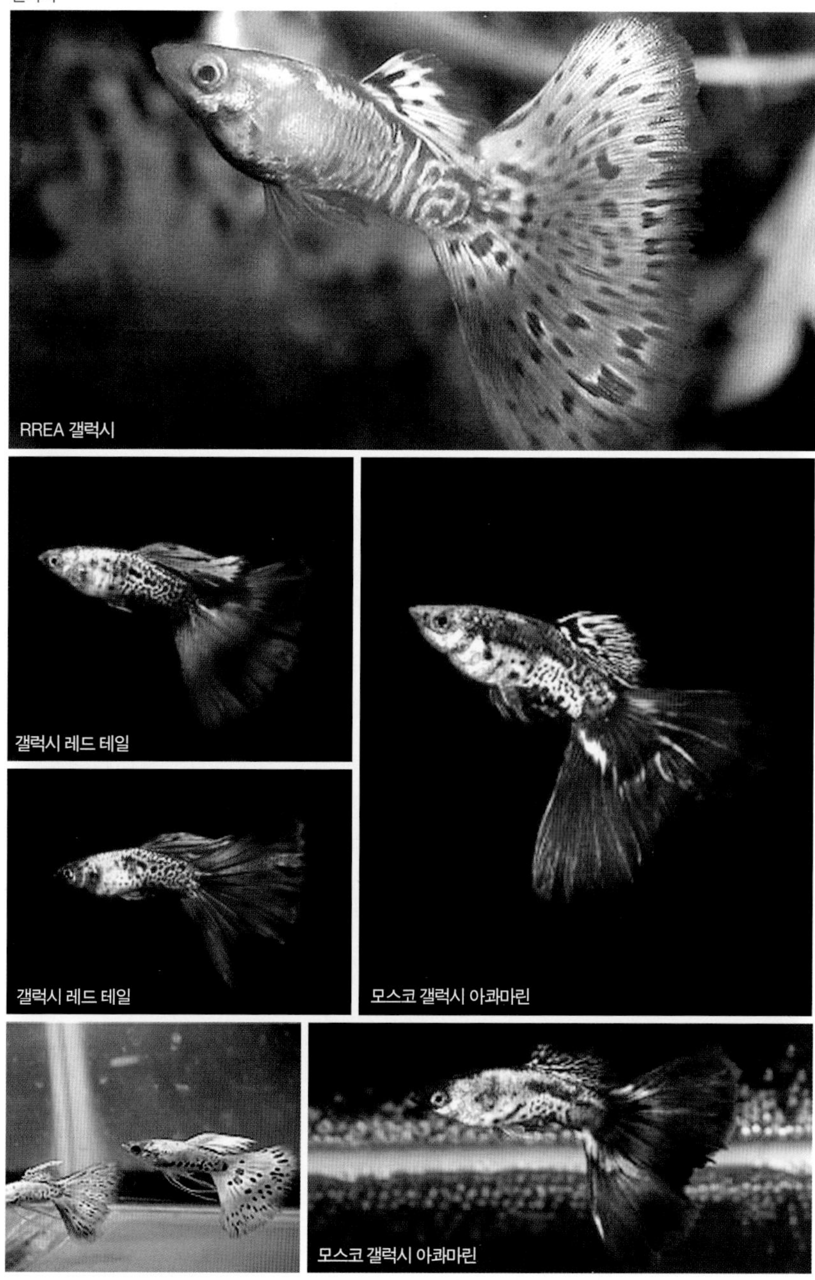

RREA 갤럭시

갤럭시 레드 테일

갤럭시 레드 테일

모스코 갤럭시 아콰마린

모스코 갤럭시 아콰마린

소드(Sword)

소드테일(Swordtail)은 꼬리 모양에 따라 탑 소드(Top sword), 보텀 소드(Bottom sword), 더블 소드(Double sword)로 나뉜다. 이 중 더블 소드가 가장 인기가 많으며, 탑 타입과 보텀 타입은 최근에는 접하기 힘들어진 품종이다. 작은 체구에 빠르게 움직일 수 있도록 꼬리지느러미가 칼처럼 생긴 것 때문에 소드라는 명칭이 생겼다.

현재까지 알려진 바에 의하면, 야생 체색을 나타내는 것은 X염색체에 있는 ch(non-colored) 유전자의 영향인 것으로 보인다. 야생 체색을 잘 나타내는 품종 중 하나가 바로 소드테일이다. 체색도 그렇지만, 형태적으로 미뤄봐도 만약 자연상태에 풀어놓을 경우 살아남을 확률이 제일 큰 품종이라고 할 수 있다. 개량 품종에서 흔히 볼 수 있는 것은 그라스(Grass) 계통에서 나타나는 야생화다. 그라스에서 여러 대를 거치다 보면 보텀 타입이나 탑 타입의 야생개체들을 얻게 되는 경우가 많다.

델타 타입의 꼬리 형태가 출현한 이후로 대부분의 관심이 델타 타입 구피에 맞춰져 있기 때문에 소드 품종은 주류에서 벗어난 보너스 품종 같은 느낌이 들곤 한다. 하지만 오늘날 팬시구피의 대부분의 모태가 된 품종이고, 다양한 색 표현이 가능한 아주 중요한 품종이다. 요즘 대부분의 국가에서 열리는 콘테스트에서 소드 부분이 차지하는 비중이 미약하고 들러리로 전락한 것 같은 경향이 보여 안타깝다.

소드와 관련한 재미있는 일화 하나가 있다. 일본에 소드테일 전문 브리더가 한 분 있었는데, 매번 자국에서 열리는 콘테스트에서 입상을 거의 못하고 본인도 참가하는 데만 의미를 뒀다고 한다. 그러던 중 독일에서 열리는 콘테스트에 출품하게 됐는데, 예상외로 전체 3위라는 좋은 성적으로 입상을 하게 됐다. 그 일이 알려진 후에는 자국에서 인정받으며 관심을 끌게 됐는데, 기분이 좋으면서도 한편으로는 씁쓸한 마음이 들었다는 글을 본 적이 있다. 실제로 독일은 소드테일 사육자도 많고, 다양한 개량 품종 육성은 세계 최고 수준이다. 콘테스트에서도 다른 품종을 제치고 소드로 대상을 수여한 국가는 필자가 알고 있는 바로는 독일이 유일하다.

대부분 국가에서 더블의 밸런스를 중요시하는데, 미국에서는 꼬리지느러미의 길이를 중시한다. 신품종 작출에 목표를 두는 분들께는 색상의 표현이 좀 과장되게 말해 무궁무진하다고까지 할 수 있는 이 소드 품종의 사육을 권하고 싶다.

보텀 소드
보텀 소드
스페이드테일

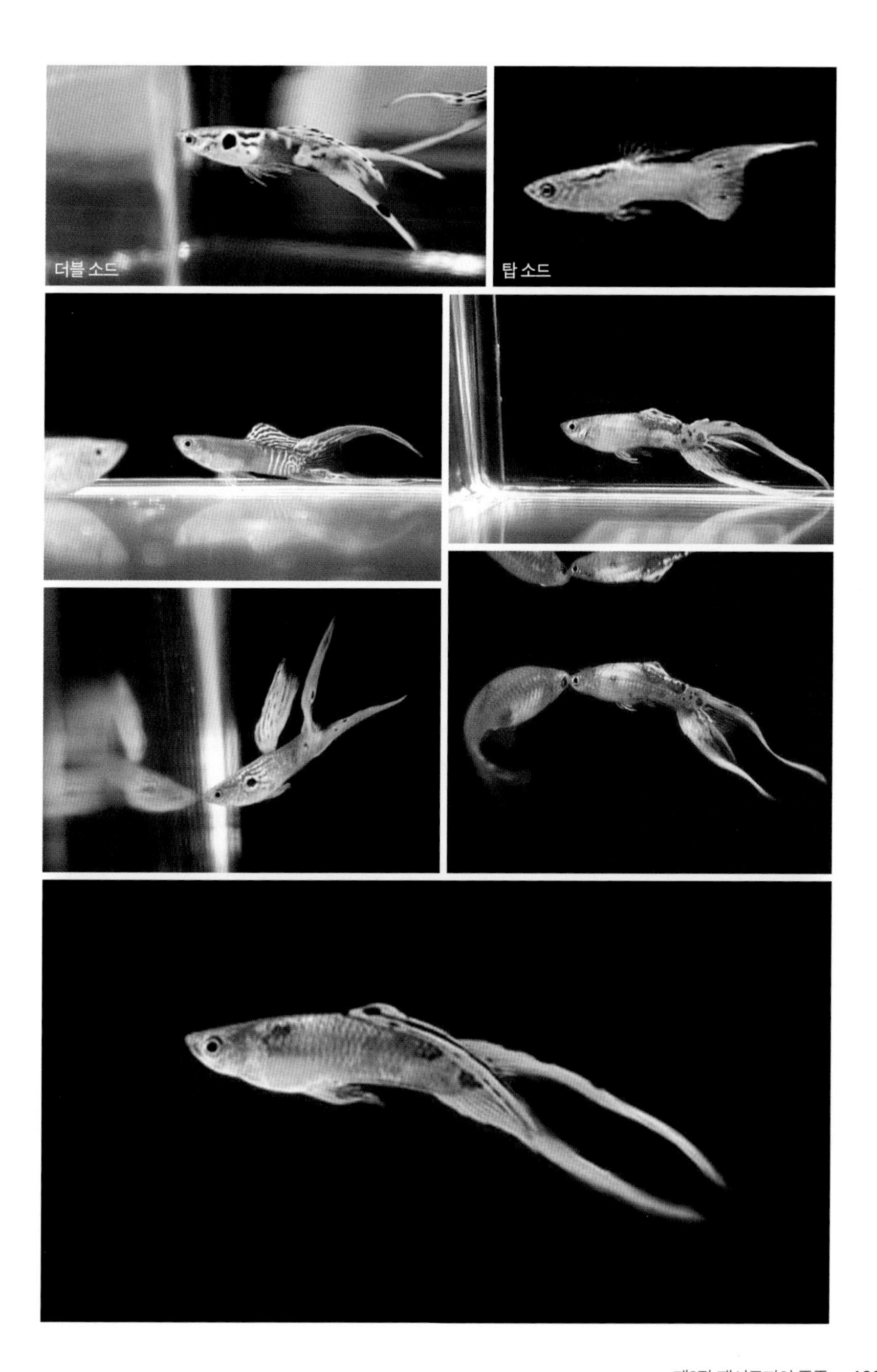
더블 소드
탑 소드

1. 플래티넘 2. 메탈 3. 코럴

플래티넘(Platinum)

플래티넘은 독일에서 개량한 품종으로 상반신이 금빛 또는 은빛으로 반짝이는 형질을 나타낸다. 수컷에서 수컷으로 유전되는 한성유전으로 거의 모든 품종과의 교잡 시 형질이 나타나는데, 실제 사육에서는 암컷에게까지 영향을 미치는 경우도 있다. 다만 플래티넘 유전자는 솔리드화시키는 영향 때문에 패턴 개체와의 교잡 시에는 패턴이 고르게 나타나지 않는다는 단점이 있다. 꼬리지느러미는 교잡되는 품종의 특징이 나타나고, 등지느러미는 꼬리지느러미의 영향을 받는다.

메탈(Metal)

메탈은 구소련에서 개량됐으며, 메탈 모스코(Metal Moscow)라고 불리기도 한다. 메탈 역시 수컷으로만 유전되는 한성유전이라고 알려져 있으며, 거의 모든 품종의 구피에서 형질이 나타난다. 보통 상반신에 나타나는 진한 금속광택을 표현한 말로, 전신에 이 영향이 미치는 풀 메탈(Full metal)이라는 것도 있다. 메탈은 짙은 금속성 색일수록 좋다. 단, 조명이나 환경 및 컨디션에 따라 색의 명암에 차이가 나는데, 이는 멜라닌색소가 순환하기 때문이다.

코럴(Coral)

코럴은 플래티넘 유전자의 변화에 따라서 나타나는 플래티넘의 일종이다. 코럴의 유전자는 플래티넘의 유전자와 비교했을 때 꼬리지느러미에 미치는 영향이 적기 때문에, 메탈 블루 그라스나 메탈 모자이크에 비해 코럴 블루 그라스나 코럴 모자이크의 작출이 훨씬 용이하다. 또한, 코럴의 유전자에 코브라의 유전자가 합해질 경우 코럴 코브라가 탄생하는 것이 아니라 코럴 메두사가 생겨난다.

플래티넘

메탈

메탈 풀 레드
메탈 풀 레드
메탈 코브라
메탈 코브라
RREA 메탈 풀 레드

메탈

기타 품종들

지금까지 소개한 품종 이외에 미카리프(Micariff), 올드 패션(Old fashion), 새들(Saddle), 마젠타(Masenta), 레오파드(Leopard) 등에 대해 간단하게 소개해 본다.

■ 미카리프(Micariff) : 미카리프라는 이름은 그 작출자(중국인 마이클 쿠와 이슬람계 스리랑카인인 아리에후가 작출함)의 이름을 따서 붙인 것이다. 처음에는 마이카리프라고 불렸던 것이 미카리프라고 불리게 됐다고 하는데, 필자도 전신이 노란 골든형의 구피라고만 알 뿐 실제 제대로 된 개체를 아직까지 본 적이 없다. 외국 자료에 의하면, 미카리프와 풀 골든은 작출과정과 유전자 조성에 있어서 일치하는 점이 많고, 유전 형태 또한 완전히 같다고 한다. 메두사와 갤럭시의 차이가 조금 있는 것처럼, 미카리프와 풀 골든도 표현형의 차이가 다소 있다고 설명돼 있는 글로 상상만 할 뿐이다.

■ 올드 패션(Old fashion) : 말 그대로 오래된 또는 구식의 무늬를 보고 붙여진 명칭으로, 몸통 상반신에 세로줄무늬 형태를 나타내고 꼬리지느러미에 뭉개진 패턴의 흔적이 남은 품종을 일컫는다. 그러나 최근의 개량종에서는 몸통 상반신에만 형질이 나타나고, 꼬리에는 발현이 안 되는 개체들도 나오고 있다.

새들(Saddle)

■ 새들(Saddle) : 일명 산타마리아(Santa Maria)라는 상품명으로 널리 알려져 판매되고, 품종명처럼 통용되고 있는 것이 새들 품종이다. 국내에서는 전혀 다른 엉뚱한 품종이 이 이름으로 판매되기도 하는데, 몸통에 45° 각도로 턱시도와 같이 검은색 체색이 들어가는 것이 큰 특징이다. 개량과정은 아쿠아마린 턱시도에 엔들러스 등을 교잡해 만들어 낸 것으로 알려져 있다. 아직까지는 확실히 품종으로 널리 알려져 있지는 않지만, 명확하게 품종을 구분하는 큰 특징이 있으므로 앞으로 발전 가능성이 높은 품종이라고 할 수 있다.

올드 패션

올드 패션 레드 테일

올드 패션 레드 테일

올드 패션 블루 테일

■ **마젠타**(Magenta = 자홍색) : 마젠타는 색재(色材)의 3원색의 하나로 약간 푸른 기가 도는 붉은색이다. 색재의 3원색으로는 보통 빨강, 파랑, 노랑을 들고 있으나 컬러 잉크와 같은 색재에서는 마젠타(Magenta), 옐로우(Yellow), 사이안(Cyan)을 3원색으로 삼고 있으며, 이들을 감색혼합(減色混合)해 여러 가지 다른 색들을 재현하고 있다.
전문적으로 말해서 마젠타는 파란색, 초록색, 빨간색에서 초록색을 뺀 나머지의 파란색과 빨간색의 혼합물이다. 따라서 이 색은 붉으면서 약간 푸른 기가 돌고 있다.
완전히 고정돼 있지 않은 품종으로서 일반 실버 컬러의 플래티넘, 푸른빛의 아콰마린, 노멀 그레이 레드 테일 등의 매우 다양한 형질을 동배에서 볼 수 있다.
독일에서는 스토어츠바흐 메탈(Stoerzbach metal) 유전자라는 상염색체에 열성으로 존재하는 유전자의 영향에 의해 나타난다고 하는데, 이 스토어츠바흐 메탈 유전자는 주로 하반신에 푸른빛을 띠며 꼬리지느러미가 델타 타입으로 커지는 것에 영향을 미친다고 한다. 실제로 한배에서 번식된 개체들 중 일반 레드 테일로 표현된 개체들은 완전한 삼각형의 델타 타입인 반면, 마젠타나 플래티넘 개체들은 전부 꼬리지느러미가 작은 것을 확인할 수 있다.

1. 마젠타 2. 코브라와 그라스의 교잡으로 표현된 레오파드

■ **레오파드**(Leopard) : 레오파드는 꼬리에 나타나는 무늬가 표범의 몸체에 나타나는 무늬와 같다고 해서 붙여진 이름이다. 코브라 품종을 다른 품종과 교잡했을 때 표현되는데, F1개체 이후 세대가 내려갈수록 무늬는 점차 무너지며 나쁘게 나타난다. 굵은 점이 은은한 매력을 풍기는 품종이지만, 무늬 유지가 어렵고 아직까지는 사육기술도 잘 알려져 있지 않은 상태다. 예전 미국의 유명 브리더 스테판 콰틀러(Stephane Quatler)의 비디오에서 굉장히 멋진 실버 레오파드 품종을 본 기억이 있지만, 일반적으로 보기가 매우 힘든 품종이다.

레오파드, 마젠타

코브라와 턱시도의 교잡으로 표현된 레오파드

코브라와 턱시도의 교잡으로 표현된 레오파드

마젠타

레오파드

마젠타

마젠타

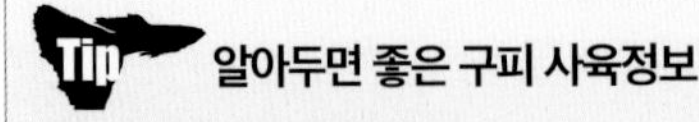

알아두면 좋은 구피 사육정보

치어를 낳고 있을 때의 이동

산란시기를 못 맞춰 간혹 수조 내에서 산란하게 됐을 때 치어들이 모두 잡아먹히게 될 상황이라면 어쩔 수 없이 부화통이나 다른 산란수조로 옮겨줘야 한다. 일반적으로 옮겨주더라도 큰 충격을 받지 않는다면 계속 산란한다. 하지만 미리 옮겨서 스트레스를 덜 받게 해주는 것이 좋다.

암컷의 임신 가능 시기

정상적으로 성장한 암컷의 경우 2개월 정도에 임신이 가능하므로 암수를 분리 사육할 때 구분이 되는 시점부터 수컷들을 옮겨줘야 한다. 수컷들은 몸에 색이 나오기 전에 잘 보면 고노포디움(gonopodium)부터 변해 있으므로 그때부터 분리해 주면 원치 않는 임신을 막을 수 있다.

조명의 밝기에 따른 발색의 차이

당연히 조명의 밝기나 시간에 따라 구피의 발색도 차이가 난다. 자연광인 햇빛에 놓인 구피의 체색이 가장 진하게 나타난다. 일상의 일조시간에 맞춰 조명을 제공해 주면 좋겠지만, 사회생활을 하다 보면 여의찮다. 타이머로 시간을 맞춰준다면 아주 이상적이지만, 정작 사육자의 라이프사이클과는 맞지 않을 것이다.

낮에는 조명을 켜주지 않아도 어느 정도 자연광이 들어오므로 퇴근 후에 3~4시간 정도 조명을 켜주면 발색을 좋게 한다. 조명의 밝기도 최대한 밝고 강할수록 좋겠지만, 전기가 많이 소모되기 때문에 3파장 등을 사용하거나 PG 등을 사용하면 된다.

블루 그라스에서 나온 레드 그라스의 암컷 구분

그라스 품종뿐만 아니라 모자이크 품종도 블루와 레드의 암컷 형질은 사실상 구분이 어렵다. 어차피 블루 체색은 레드 체색 위에 발현된 것이기 때문에 암컷은 구분하지 못한다고 해도 큰 문제는 없다. 일부 브리더는 블루 체색 유지를 위해 레드 라인의 암컷을 이용하기도 한다.

알비노 개체가 수질에 더 민감하다?

수질에 민감하다기보다는 알비노 개체 자체가 유전적으로 열성이다 보니 우성인 노멀 품종에 비해 체력이 약하다고 볼 수 있다. 체력이 약하다 보니 쉽게 쇼크를 받고 잘 죽기 때문에 수질에 민감한 것처럼 느껴지는 것이다.

품종 교배 시 피해야 할 조합

신품종 작출의 개념으로 보면 안 되는 교배 조합은 없다. 그러나 지금까지 무수한 구피들이 발표되고 알려졌지만, 대중적으로 사랑받는 구피는 몇십 종에 불과하다. 신품종 작출의 목표에 따라 다르겠지만, 구피 사육자들에게 사랑받을 수 있는 구피를 작출하는 것이 가장 이상적일 것으로 생각된다. 현재 사랑받고 있는 품종들은 각각 가장 알맞은 특성으로 개량됐기 때문에 사랑받을 수 있었고, 그런 품종을 만든다는 생각으로 교배했으면 한다.

RREA 토파즈와 RREA 네온 슈퍼 화이트

토파즈는 재팬 블루 x 네온 턱시도를 아웃 크로스해서 만든 계통이다. RREA 네온 슈퍼 화이트는 상품명이며, 일반적으로는 RREA 브라오 턱시도라고 부르는 것이 좋을 듯싶다. RREA 토파즈도 일반적인 RREA 네온 턱시도와 동일하게 브라오 유전자에 의해서 블루 색깔이 표현되는 것이라, RREA 토파즈 브라오나 RREA 브라오 턱시도나 체색은 거의 동일하다.

단지 RREA 토파즈 브라오가 플래티넘 기가 조금 많이 있기는 한데, 브라오의 RREA 타입들의 경우는 플래티넘 색깔을 표현해 주는 홍색소포(Iridophores = Guanophores)가 제대로 표현되지 못하기 때문에 크게 차이 나지는 않는 것 같다.

델타 꼬리지느러미가 안 되는 품종

안 된다고 할 수는 없지만 형질상 어려운 품종으로, 그라스나 핑구 같은 품종들은 델타 꼬리지느러미를 만들거나 유지하기가 어렵다.

팬시구피의 관리

구피를 사육하는 데 있어서 최적의 사육환경, 수조의 크기와 수, 수조 세팅하는 방법, 수질 관리의 중요성과 여과 및 여과기에 대해 알아본다.

01
section

최적의 사육환경

구피를 건강하게 오래 사육하기 위해서는 사육환경을 최적의 조건으로 맞춰주는 것이 가장 중요하다. 이번 섹션에서는 국내 사육자들이 구피를 사육하는 공간, 계절별 수온 관리하는 방법, 환수의 방식과 실시방법 등에 대해 간략하게 살펴본다.

사육 공간

일반 사육자들은 보통 브리더라고 하는 사람들의 사육환경은 뭔가 특별한 것이 있으리라고 여기는 듯하다. 외국의 경우를 볼 때 상당한 규모와 특이한 시설을 갖춘 브리더가 없는 것은 아니지만, 대부분의 브리더는 수조의 개수만 일반 사육자에 비해 많을 뿐 전반적으로 별 차이는 없다고 생각하면 된다. 다만 기후조건이 우리나라와는 다르기 때문에 그에 따라 시설 면에서 큰 차이가 있는 것을 볼 수 있다.
일 년 내내 따뜻한 나라의 브리더는 일단 공간적인 제약을 덜 받는다. 필자가 만나 본 브리더들의 경우 대부분 베란다를 주 공간으로 사용하거나 옥상, 지하실, 심지어 집 외부에 수조를 설치한 경우도 있었다. 하지만 이들도 기온이 제일 높은 여름에는

고온으로 인해 어려움을 겪고 있다고 한다. 그래서 이 시기에 콘테스트는 가급적 피하고 있고, 개최된다고 해도 퀄리티가 많이 떨어진다고 한다. 이런 조건을 갖춘 외국과 비교해 봤을 때 국내의 구피 사육 여건이 좋지만은 않은 것이 사실이다. 대부분 겨울철의 낮은 온도 때문에 실내에서 사육하다 보니, 주로 거실이나 방 하나를 할애해 활용하고 있다.

1, 2, 3. 대만의 축양장 모습 **4.** 엄청난 양의 브라인슈림프를 부화시키는 모습

계절별 수온 관리

계절변화가 뚜렷한 우리나라의 경우 4계절 중에서도 특히 일교차가 큰 봄과 가을에 구피의 상태를 주의 깊게 모니터링해야 한다. 계절별로 관리에 유의해야 할 점을 살펴보면 다음과 같다.

■**봄** : 겨울이 끝나고 봄철이 되면 황사로 인한 피해가 극심해지고, 특히 계절이 바뀌는 환절기에는 상수도의 관리를 위해 약품 사용량을 늘린다고 한다. 지금까지의 경험으로 미뤄 생각해 보면, 국내 사육자들이 이 시기에 질병에 의한 폐사 문제를 제일 심하게 겪고 있다. 사계절로 따져보자면, 일교차가 매우 크다 보니 히터를 사용하지 않는 사육환경에서는 제일 위험한 시기라고 할 수 있다.

■**여름** : 더운 나라와 비교했을 때 그들이 겪는 문제점을 똑같이 겪고 있을 만큼 우리나라의 여름철 기온은 매우 높다. 특히 장마철에는 고온뿐만 아니라 많은 비로 인해 높아진 습도 때문에 곰팡이성 질환

의 발병확률 또한 높아져서 대부분의 사육자가 수질 관리에 어려움을 겪는다. 앞으로도 지구 온난화의 영향으로 여름철은 사육이 더욱 힘든 시기가 될 것으로 판단된다. 이러한 문제요소가 있지만, 여름철은 구피의 먹성이 제일 좋고 또 빨리 성장시킬 수 있는 계절임에는 틀림없다.

1. 대만의 집 앞 도로에 설치한 축양장 2. 더운 나라임에도 불구하고 일교차 예방 차원에서 수조마다 히터를 넣어둔 모습이다.

■가을 : 요즘은 가을이라는 계절이 있나 싶을 정도로 짧아서, 여름에서 바로 겨울로 넘어가 버리는 느낌이 든다. 가을은 구피 사육에 이상적인 온도가 유지되기 때문에 구피 사육자들에게는 최고의 사육시기다. 5월부터 11월 초까지가 구피 사육에 적합한 기간이라 할 수 있다.

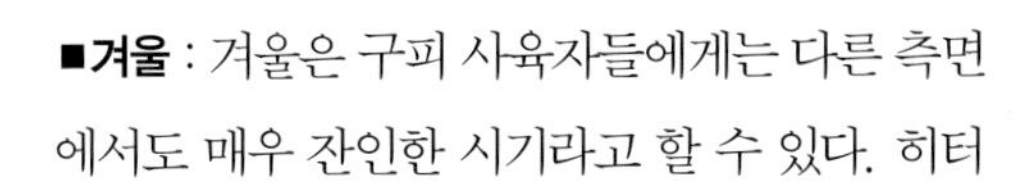

■겨울 : 겨울은 구피 사육자들에게는 다른 측면에서도 매우 잔인한 시기라고 할 수 있다. 히터를 사용하면 누진세가 적용되는 전기세의 압박에 시달리게 되고, 전기세가 무서워 히터를 빼고 난방에 의존하면 최근 가격이 많이 오른 도시가스비의 압박이 두렵다. 이러한 요인은 심한 경우 가족 간의 불화도 초래하게 된다. 여기에 더해 일정한 수온을 맞추기 위해 실내온도를 높이다 보면 습도로 인한 곰팡이 문제도 발생한다. 그나마 가장 비용이 저렴한 사육방식은 난방에 의존하는 것인데, 무리하게 온도를 올리지 말고 성장을 조금 늦추더라도 최저로 맞춰 사육하는 것이 좋겠다.

그래도 한 가지 다행인 점을 들자면, 영하 10℃ 이하로 내려가는 일수가 근래에는 10일 남짓하고 큰 한파가 별로 없다는 것이다. 또 단독주택을 제외한 아파트나 연립주택의 경우 단열이 잘돼 실내온도만으로도 대개 수온이 22℃ 이상 유지된다는 것이다. 22℃ 정도로만 맞춰주면 사육에 큰 지장이 없고, 습도도 높아지지 않아 곰팡이 문제도 크게 발생하지 않는다. 저온으로 인해 성장은 어느 정도 둔화된다.

우리나라와 같이 추운 계절이 있는 북반구 나라들도 많지만, 환경적 요소로만 본다면 국내 사육여건이 상대적으로 좋지 못한 것은 사실이다. 이런 요인들 때문에 국내 브리더들은 수조 개수가 40~50개 정도면 많은 수조를 관리한다고 할 수 있다. 더운 나라의 브리더들은 수조가 적다고 하는 경우 우리나라 브리더가 관리하는 정도이고, 보통 60~100개에서 많게는 2000개까지 관리하는 브리더들도 있다.

환수

환수에 있어서는 그 시기와 양에 대해 여러 가지 의견들이 존재한다. 필자의 개인적인 의견이지만, 환수는 자주 해줄수록 구피의 성장에 좋은 영향을 준다고 할 수 있다. 환수의 필요성과 환수를 실시하는 방식에 대해 간략하게 알아보자.

■ **먹이와 수질** : 사육환경에서 우선 고려해야 할 것은 구피는 대식가라는 점이다. 외국의 논문을 보면, 브라인슈림프의 경우 1시간 이내에 소화를 시킬 수 있다고 하며, 계산상으로 하루에 24번 급여도 가능하다고 한다. 구피는 다른 어종과 달리 성장을 도와 아름다운 모습으로 만들어 가는 것이 목표이기 때문에 물관리와 함께 먹이급여가 가장 중요하다. 구피들이 원하는 한 계속 먹이를 급여해 주면 좋은데, 이렇게 먹어대기 때문에 배설물도 그만큼 많다. 대부분 사육수조가 작다고 설명했듯이, 작은 수조에서 많이 먹고 많이 배설하기 때문에 수질이 단시간 내에 나빠질 수 있다. 여기에 마릿수까지 많다면, 수질이 나빠지는 정도는 더욱 심해질 것이다.
따라서 치어를 무작정 받아 기르면 과밀사육으로 인해 수질의 악화가 심해지므로 암수 분리사육을 통해 원하는 암컷으로부터 원하는 치어만을 받아 기르게 되는 것이다. 브리더들은 환수를 자주 하고, 종어급은 1쌍 내지 2쌍만 1수조에서 사육한다. 필자의 경우 일주일에 1번 100% 환수를 해주고, 사육 마릿수는 1수조에 다른 브리더보다는 많은 수의 종어를 사육하지만 그래도 5쌍을 넘지는 않는다. 다른 어종 부화장을 운영하는 분들의 노하우 중 하나가 치어 시기에는 환수를 거의 100%에 가깝게 해

✚ 최적의 사육환경을 위한 3대 조건

1. 최대한 자주 먹이를 급여할 것
2. 환수를 일정한 간격으로 자주 해줄 것
3. 과밀사육을 절대 피할 것

주는 것이다. 계속 새 물이 공급되면 빠른 성장에 도움이 된다고 해서 오랜 시간 이 방법으로 환수를 해왔지만, 필자의 주관적인 방법이므로 따라 할 것을 권하는 것은 아니다. 오히려 20% 미만으로 환수해 주면 구피에게 충격을 주지 않는다는 것이 대부분의 의견이다. 하지만 어떠한 이론이나 의견을 무조건 받아들이기보다는 자신의 사육방법에 맞춰가는 것이 더 중요하므로 판단은 사육자의 몫이라고 하겠다. 치어 수조는 별도로 1주일에 2번 정도는 100% 환수를 해준다. 기타 여건으로는 발색에 도움을 주기 위해 저녁에 최소한 약 2~3시간 정도 조명을 켜주는 것이 좋다.

■ **여과방식의 선택** : 외국 브리더들은 대부분 저면여과 방식을 사용하는 데 반해, 국내 사육자들은 저면 외에도 스펀지 여과기를 많이 사용한다. 저면이나 스펀지 모두 장단점이 있지만, 좀 더 안정적인 여과의 측면에서 본다면 저면여과를 권하고 싶다. 수조의 크기는 각양각색이지만, 대부분 15×30×45 내지 20×35×45(㎝; 길이×높이×폭)의 소형 수조를 사용하며, 수조당 성어 기준으로 보통 2~3쌍을 사육한다. 구피 이외 어종과의 합사는 피하고 있으며, 수초나 유목 같은 구조물은 설치하지 않는 것이 일반적이다. 다만 개인적으로 '부지런한 분이라면 미관상 수초나 유목을 넣는 것도 좋다'고 생각한다. 구피와의 합사 어종으로는 안시가 인기가 많고, 소형 코리도라스 어종도 2~3마리는 괜찮다.

1. 독특한 바닥재 세팅 2. 자동환수시스템

앞서 설명한 바와 같이, 브리더라고 해서 특별한 시설을 갖춰 사육하지는 않는다. 단, 정수장치인 하우징은 거의 모든 브리더들이 필수로 사용하고 있으며, 일반 사육자들과 다른 점이라면 잦은 환수와 먹이급여의 차이라고 할 수 있겠다.

■ **자동환수시스템** : 국내 사육자들도 수조가 많아지면 관리의 어려움 때문에 자동화시스템에 많은 관심을 갖고 있는 듯하다. 필자도 아직까지 완전 수작업에 의한 환수를 하고 있지만, 가능하면 자동화시

Tip 단계별 구피 사육기의 특징

제1단계 - 초보 입문 : 책이나 열대어 사이트, 수족관, 주변인 등을 통해 구피를 접하고 사육을 시작하는 단계다. 보통 구피를 건강하고 쉽게 사육할 수 있는 물고기로 설명하기 때문에 별 부담 없이 사육을 시작하게 된다. 열정과 의욕이 앞서는 단계로 환수도 잘해주고 먹이급여도 충실하게 잘한다. 치어도 받고 몇 번의 시행착오를 거치면서 구피를 기르는 단계다.

제2단계 - 성공과 포기 : 일반적인 저가 구피를 사육하면서 어느 정도 경험이 생겼다고 생각하며, 약간의 자신감이 붙어 고가의 구피에 접근하는 단계다. 하지만 생각과는 달리 제대로 성장시키지 못하고, 구피 사육이 절대 쉽지 않다는 것을 느끼게 된다. 또한, 무수하게 많은 구피를 하늘나라로 보내게 되는 단계다.
이 단계에서 치어를 받아 그 치어가 완전 성어가 될 때까지의 과정을 경험한다면 성공적이라 할 수 있다. 이러한 성공을 거치면 이후 마니아의 단계로 넘어가지만, 실패를 반복하게 되면 이내 흥미를 잃고 포기해 버리고 만다. 구피만큼 사육을 시작하는 사람이 많은 물고기도 없을 정도로 구피 사육자는 많지만, 약 90%의 사육자는 이 단계에서 포기하고 다른 어종으로 방향을 바꾸거나 물생활을 그만둔다.

제3단계 - 품종 유지 : 이 단계에 이르면 더 이상 구피를 죽이지도 않고, 요령이 생겨 사육에 자신감이 붙는다. 사육 방향도 설정하고 구피 사육의 재미를 가장 많이 느끼게 되는 단계다. 콘테스트에 출품해도 되는 수준에 올라 콘테스트에서 입상하는 기쁨에 사육의 재미는 배가되며, 품종 개량을 하지 않고 기본적인 구피를 최고의 팬시구피로 만들기 위해 노력한다.
이 단계의 사육자는 수컷의 종어 후보를 선택할 수 있고 또 어느 정도 암컷을 식별할 수 있기 때문에, 특별한 경우를 제외하고는 국내 수족관에서는 더 이상 개체를 구입하지 않게 된다. 대신 구피를 잘 아는 주변 사람들에게 배우고, 암컷의 좋고 나쁨과 그 혈통을 잘 알고 있는 사육자의 정보를 토대로 구피를 구해 사육하게 된다. 이 단계의 사육자를 구피 마니아(mania) 또는 구피 브리더(breeder)라고 부른다.

제4단계 - 품종 개량 : 구피의 달인이 된 단계로 품종 개량을 목표로 사육하게 된다. 콘테스트에서 많이 입상함으로써 지명도가 올라가고 새로운 사육 열망이 생기게 된다. 이 단계에서는 유전적인 지식이 없으면 경험만으로는 벅차다는 것을 느끼게 되고, 사육난이도가 매우 높아 평생을 구피와 함께해야 할 단계다. 이 단계의 사육자를 프로나 마스터(master)라고 부른다.
흔히 브리더라는 말을 많이 사용하는데, 우리나라에서는 품종 유지가 가능한 사람 이상을 지칭하는 단어로 사용되는 것 같다. 동식물을 교배, 사육, 생산하는 사람이라는 뜻의 브리더는 포괄적으로 보면 구피 사육자 모두가 포함된다. 한 수조에서 그냥 기르는 것도 하렘 브리딩이라 하므로 브리딩하는 사람, 즉 모두 다 브리더라는 생각으로 구피를 길렀으면 하는 바람이다.

스템을 설치하고 싶은 생각은 늘 가지고 있다. 다른 열대어처럼 순환식 자동시스템은 구피에게 맞지 않아 대부분 반자동시스템을 설치한다. 반자동시스템은 물을 빼고 넣는 작업을 자동으로 하는 것으로서 이 경우에도 일정 기간에 한 번쯤은 수작업으로 청소해 주는 것이 좋다. 외국의 경우 많은 수조를 관리하는 브리더는 이런 시설을 거의 갖추고 있다. 장소의 제약을 덜 받다 보니 베란다 같은 곳에서 바로 축양장 밑으로 배수할 수 있게 설치한다. 우리나라는 대부분 실내에서 구피를 사육하므로 배수

관을 연결해 욕실 등으로 빼주는 작업까지 해야 한다. 이때 집 구조물에 흠집을 내게 되거나, 연결장비로 인해 주변이 지저분해지기 때문에 시설 설치에 대한 부담이 많다. 여과시스템의 가장 이상적인 방법이라면 물을 조금씩 투입해 하루라는 시간 동안 100% 환수하는 것이지만, 시설 면이나 비용 면에서 볼 때 현실적으로는 어려운 방법이다. 하루에 20% 정도만 자동 환수되면 아주 훌륭한 시스템이라 할 수 있다.

■ **하우징**(housing) : 축양시스템을 가지고 있는 사육자들은 대부분 하우징이라는 물갈이용 정수장치를 구비하고 있다. 하우징은 수돗물에 포함된 염소와 중금속 등의 이물질을 제거하기 위해 설치하며, 2단에서 5단까지 필터를 장착해 사용할 수 있다. 보통 2단까지 장착하는데, 2단 이상 사용할 경우는 거의 없는 만큼 무리해서 큰 비용을 들일 필요는 없다. 필터 종류에 따라 침전필터와 카본필터를 사용한다.
카본필터는 물속에 함유된 유기물과 중금속류의 무기물, 이취미 원인물질(異臭味原因物質; 수돗물에서 이상한 맛이나 냄새가 나게 하는 원인물질을 이른다)까지 흡착한다. 경도성분에 대한 처리능력은 양이온교환수지의 1/10 정도 수준이고, 수명 또한 짧으며 교환시기를 가늠할 수 없다. 또한, 물리적 흡착이 주를 이루기 때문에 일정한 수질을 유지할 수 없고, 안정적이지 못하다. 연수필터는 들어오는 원수의 경도성분 함량에 따라 많으면 많을수록 pH를 저하시키는데, 이때 수질이 들쑥날쑥한 물이 연수필터로 들어올 경우 pH 또한 오르락내리락하게 되고, 카본필터를 통과한 물로 인해 변화의 폭이 매우 커지게 된다. 지하수나 수돗물은 그래도 일정 수준의 경도성분비를 유지하고 있지만, 카본필터를 통과한 물은 매번 다르다.
결론적으로 말하면, pH를 지속적으로 측정한다고 하더라도 어항에 안정적인 pH를 공급할 수 없고, 이로 인한 스트레스는 시간이 지남에 따라 돌연사 및 성장장애라는 결과로 나타나게 되기 때문에 카본필터와 연수필터는 같이 사용하지 않는 것이 원칙이다.

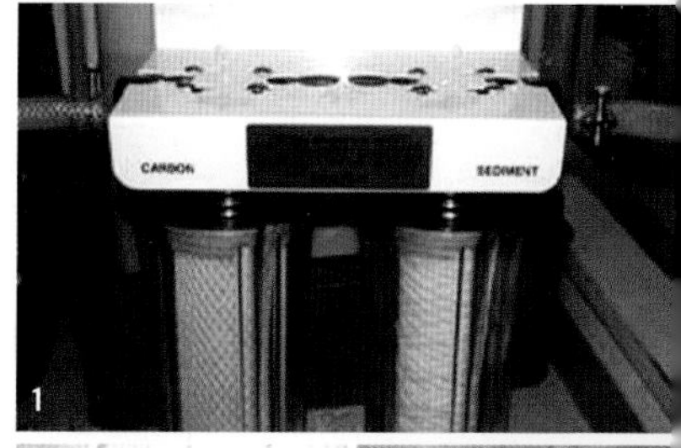

1. 2단 하우징 **2** 염소 잔류 시약으로 체크한 수돗물의 상태 **3.** 하우징을 통과시킨 후 체크한 수돗물의 상태

02
section

수조의 선택과 기본적인 세팅

구피를 사육하기 위해 가장 먼저 준비해야 할 필수 사육용품은 수조라고 할 수 있겠다. 사육수조의 적절한 개수와 크기는 구피를 사육하는 목적이 무엇인지에 따라 달라진다. 수조의 수와 크기, 여과방식에 따른 수조의 세팅에 대해 살펴보자.

이상적인 수조의 수

구피의 품종 유지, 개량을 위해서는 몇 개의 수조가 필요하냐고 묻는 분들이 의외로 많다. 하지만 각 품종별로 다르고, 사육자의 사육방향에 따라서도 상당히 차이가 나기 때문에 단정적으로 말하기는 어렵다. 예를 들어, 구피 1쌍을 사육하면서 기준을 잡는다고 해보자. 종어 수조에서 치어를 낳으면 치어 사육 수조 1개를 추가하고, 이 치어들이 성장해 암수로 나뉘면 수조가 2개 더 필요하게 된다. 그 사이 종어는 또 치어를 낳기 때문에 치어 수조는 그대로 두면 벌써 4개가 된다(이것이 최소 사육 개수라고 할 수 있다). 나누어 사육한 암수 수조에서 다시 선별한 개체를 사육할 수조가 필요하게 되는데, 이때 색상 형질이 다르게 나오는 품종이라면 이를 구분 지어 수조는 4개 정

도 더 필요하게 된다. 경우에 따라서는 더 많은 수조가 필요할 수도 있다. 이러한 특징 때문에 다른 어종에 비해 구피 사육자들의 수조가 상대적으로 많은 것이다. 신품종 개량을 하는 사육자라면 대부분 이보다 더 많은 수조가 필요하게 된다.

이상적인 수조의 개수는 사육자의 사육방향 및 방법에 따라 필요로 하는 것인 만큼 정답은 없지만, 브리딩을 목표로 한다면 많을수록 좋고 최소 4개 이상은 필요하다. 외국 브리더 중 상당수가 100여 개의 많은 수조를 가지고 있으면서도 자신이 선호하는 품종의 구피 한 종 내지는 두 종만 사육하는 것도, 브리더 개인의 사육방향에 의해 결정된 것이라고 할 수 있다.

최근 많이 선호되는 크기의 축양장

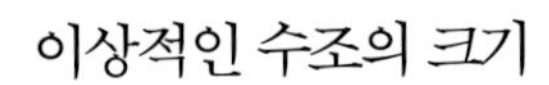

이상적인 수조의 크기

예전부터 구피를 사육하는 수조의 크기는 소형을 선호해왔다. 치어시기에 넓은 수조에서 사육하면 먹이를 집중적으로 먹는 데 지장이 있기 때문에 성장을 저해하는 요인이 된다. 특히 알비노 개체들은 시력이 나빠서 먹이를 찾는 일뿐만 아니라 교미에도 문제가 발생하기 때문에 이를 막기 위해 작은 수조를 사용한다. 심지어 작은 채집통에서 치어나 알비노를 사육하는 경우도 있다.

구피의 특성상 수조가 여러 개 필요하다 보니 공간적 측면에서도 작은 수조를 사용하게 된 것은 어쩔 수 없는 선택이었다고 생각한다. 브리딩을 목표로 하는 사육자의 경우 개별로 어항을 늘리지 말고, 축양시스템을 만들어 사용하면 외관상 보기에도 좋고 공간활용 측면에서도 좋다.

여과방식에 따른 수조의 세팅

관상에 주목적을 둘 것인가, 사육에 주목적을 둘 것인가에 따라 수조의 세팅은 크게 달라진다. 여기서는 사육에 주목적을 뒀을 경우를 예로 들어 설명하도록 한다.

■스펀지 여과 방식일 경우 : 구피 수조의 세팅은 간단하다. 브리딩이 주목적이 되면, 일반적으로 장식물 설치는 등한시하고 오로지 구피 자체에 중점을 둔다. 수조를 새로 설치했을 경우에는 바로 구피를 투입하기보다는, 짧게는 10일에서 길게는 한 달 정도 물잡이용 물고기를 이용해 물을 일단 안정시킨 후 투입하는 것이 좋다. 일정 기간 시간을 두라고 하는 이유는 신수조증후군(새로 구입해 금방 세팅한 수조에서 열대어가 시름시름 앓거나 죽어 나가는 현상)으로 인한 피해를 줄이기 위함이다. 즉 새로 만든 수조에서 흔히 발생하는, 이유를 알 수 없는 구피의 폐사를 줄이고 구피 자체의 데미지도 줄이기 위한 조치라고 할 수 있다. 스펀지 여과기도 마찬가지로 신제품은 바로 쓰지 말고 한 번 삶은 다음 사용하는 것이 좋다.

스펀지 여과 방식으로 세팅하면 수조에 바닥재를 깔 필요 없이 그대로 사용하면 된다. 바닥재 없이 스펀지 여과 방식만 이용할 경우 저면여과 방식에 비해서는 수질 관리가 어렵다. 특히 치어 수조는 먹이조절이 쉽지 않아 물이 나빠지고, 빈번한 환수가 필요해 수질이 안정되기 쉽지 않다는 단점이 있다. 장점은 환수 시 저면여과에 비해 손이 덜 가서 수월하게 할 수 있다는 것이다.

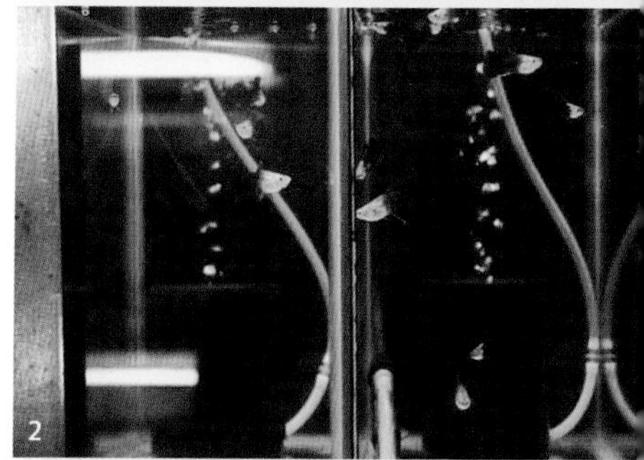

1. 일반 스펀지 여과기 **2.** 앉은뱅이 스펀지 여과기 **3.** 박스필터

■저면여과 방식일 경우 : 저면여과 방식으로 세팅하면 바닥재를 사용하게 되는데, 보통 민물모래인 왕사가 제일 좋다고 평하고 권장한다. 왕사의 단점은 구피의 발색이 나쁘고 미관상 좋지 못하다는 것인데, 이런 이유로 일반적으로 구피의 발색에 도움이 되는 흑사를 가장 많이 사용하고 있다. 바닥재의 높이는 대략 5~8cm면 좋고, 입자

1, 2. 저면여과 방식으로 세팅한 수조 **3.** 저면 여과판의 높이는 기존 제품의 두 배가 이상적이기 때문에 인위적으로 높여준 형태다.

는 3~5mm 정도 되는 것을 쓰면 된다. 입자가 너무 가늘면 물 흐름을 방해해 여과력이 떨어지고, 입자가 너무 크면 여과박테리아가 안정적으로 자리 잡지 못한다. 새로 구입하는 바닥재는 그냥 세척해서 사용해도 무방하기는 하지만, 역시 한 번 삶아서 사용하는 것이 더 좋겠다.

일반적으로 흑사나 왕사 같은 바닥재는 통상 3년 정도면 교체해 주는 것이 좋다고 알려져 있지만, 오히려 10년 묵은 흑사는 아무리 돈을 많이 줘도 안 판다고 할 정도로 귀하게 여기기도 한다. 필자의 경우도 수조의 흑사가 오래 묵은 환경일수록 구피가 더 안정적이다. 바닥재가 있는 경우 수초를 심을 수도 있는데, 수초를 심어두면 수초가 초산이온을 흡수해 빈 수조보다는 좀 더 많은 수의 개체를 사육할 수 있다.

소일을 바닥재로 사용할 경우 소일의 특성상 어항 물의 pH를 점차 떨어뜨리는데, 물갈이를 할 때마다 구피에게 데미지가 꾸준히 가해진다고 보면 된다. 따라서 소일로 바닥재를 사용한 멋진 수초어항에서는 구피를 투입해도 얼마 못 가 죽고 만다. 흑사로 꾸민 수초어항에서라면 사육하는 것은 가능하지만, 인공적인 멋을 내는 델타 타입의 구피보다는 자연적인 멋을 내는 소드 타입의 품종들을 권한다.

히터의 경우 저가제품은 설정온도가 잘 맞지 않고, 이상발생 시 구피를 한 번에 몰살시킬 위험이 있다. 따라서 좀 비싸더라도 좋은 제품을 구입해 사용하기를 권장한다. 뜰채는 수조당 한 개씩 따로따로 사용하는 것이 기본이다. 이외에 조명, 온도계, 뜰채, 스포이트, 산란통 정도만 있으면 추가로 더 준비할 필요는 없다.

구피의 입수

구피를 새로 들여오면 반드시 갖고 있는 수조의 물에 적응시키는 과정을 거쳐야 한다. 이는 무척 귀찮은 일이지만, 매우 중요한 작업이다. 구피를 사육하다 보면 반입하거나 반출하는 경우가 빈번하게 발생하므로 물에 적응시키는 도구를 미리 준비해 두는 것이 좋다. 양동이, 에어 호스, 에어 조절 밸브, 에어 스톤이 필요하다.

우선 반입해 온 구피가 들어 있는 봉지의 물을 플라스틱 케이스에 옮겨 넣은 다음 구피도 넣는다. 준비한 에어 호스의 한쪽 편에 에어 스톤을 붙여 수조에 넣는다. 에어 스톤을 붙여 넣으면 에어 호스가 자연적으로 고정된다. 계속해서 반대쪽 에어 호스의 한쪽 편을 입으로 빨아들여 물을 끌어 내리고, 물이 나오면 에어 조절 밸브를 장착해 수량을 조절한다. 물이 나오는 속도는 물방울이 똑똑 떨어지는 정도가 기본이다.

수입한 것이거나 먼 거리를 택배우편으로 이동해 온 것, 종류상 특성으로 사육하던 수족관의 물이 특별한 것이라고 판단되면 분명히 수질이 다른 경우가 있기 때문에 큰 통을 사용하면 더욱 좋다. 물이 가득 차게 되면 반은 버리고, 다시 가득 채운다. 이것을 한 차례 더 반복하면 완벽하게 적응했다고 할 수 있다. 적응이 끝나면 플라스틱 케이스에서 구피만 떠 올려서 수조에 넣는다. 경우에 따라 다르지만, 외부에서 반입한 물은 가능하면 수조에 넣지 않는 편이 좋다.

구피 입수 시 이와 같은 방법을 취하면 온도 적응도 더불어 할 수 있고, 갑작스러운 수질의 변화가 없다. 무엇보다 입수하는 물고기의 안전과 집에서 사육하는 물고기의 안전에 큰 도움이 된다. 단, 놀래서 튀는 구피가 생길 수 있으므로 최대한 물을 받는 통의 위쪽은 막아주거나 큰 통을 사용하면 안전하다.

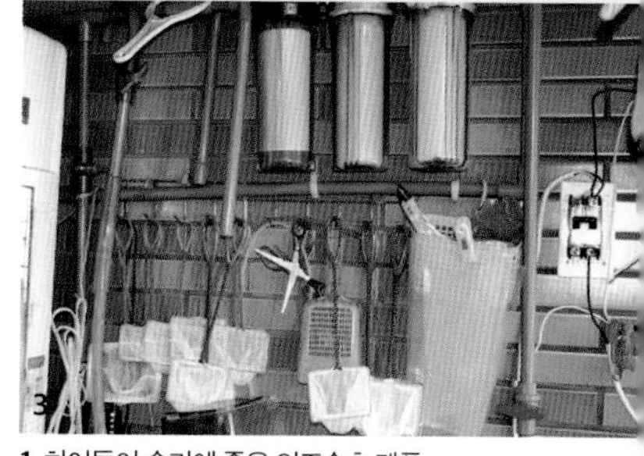

1. 치어들이 숨기에 좋은 인조수초 제품 **2.** 위아래로 긴 형태의 산란통 **3.** 수조 세팅 시 사용되는 여러가지 기구들

03
section

수질 관리

구피가 한번 질병에 걸리면 치유하기가 너무나도 어렵고, 더욱이 전염성 질병이라면 열심히 노력해 사육한 구피들을 일순간 모조리 잃게 될 수도 있다. 따라서 어찌 보면 질병에 걸리지 않게 예방을 잘하는 사람이 구피를 잘 기르는 사육자라고 할 수 있겠다. 질병이 발생하는 것을 예방하기 위해 가장 중요한 것은 무엇보다도 수조 내 수질을 구피 사육에 적절하게 관리하는 것이다. 이번 섹션에서는 수질 관리의 필요성과 수질을 관리하는 여러 가지 방법에 대해 간략하게 알아본다.

수질 관리의 중요성

'구피에게는 그 어떤 약보다도 환수가 제일 중요하다'는 말이 있는데, 이는 구피뿐만 아니라 모든 어종에게 적용되는 말이다. 한마디로 수질 관리의 중요성을 상징적으로 표현한 것이라 할 수 있겠다. 자연상태에서는 서식지의 상류로부터 끊임없이 새로운 물이 공급돼 큰 변화 없이 수질이 안정된다. 그러나 수조 속에 있는 물은 아무리 좋은 여과장치를 설치해 준다 해도 고인 물일 수밖에 없는 것이다.

1. 레드 램즈혼(Red ramshorn snail) **2.** 고동. 레드 램즈혼과 고동 둘 다 수질을 좋게 해주는 역할을 한다.

예전에 '무환수 수조'라는 것을 개발해서 판매한다는 업체가 있었던 것으로 기억하는데, 발상 자체가 너무 상술에만 신경 쓴 나머지 생물에 대한 배려가 전혀 없던 것이라 할 수 있다. 수조는 한정된 양의 물속에 구피라는 생명체가 살아가면서 먹이를 먹고 배설함으로써 수질의 변화를 가져오게 된다. 외부로부터 새로운 물이 유입되지 않는다면 수질악화는 불을 보듯 뻔하다.

물갈이를 하지 않은 수조는, 구피의 배설물에 대한 생물 여과의 작용으로 수소이온(H^+)이 발생·축적됨으로써 물이 산성화되고, 질산화균(窒酸化菌; nitrifying bacteria)이 암모니아나 아질산을 산화시켜 축적되는 물질로 이뤄진 질산이온(NO_3^-)이 생성된다. 이렇게 산성화된 물을 되돌리고 질산이온을 제거하기 위해 환수를 해주는 것이다.

수조를 세팅한 초기에는 아직 물이 안정돼 있지 않은 상태이며, 생물 여과가 완전하게 이뤄지지 않은 환경이다. 따라서 이 시기에 실시하는 물갈이의 목적은 유독성이 있는 암모니아(ammonia, NH_3)나 아질산(nitrous acid, HNO_2; 아초산)을 제거하는 것이다. 또 약품을 투여한 상태라든지, 바닥재 하부의 이물질 제거 등의 목적으로 환수를 실시한다.

pH

열대어 사육을 시작하면서 가장 많이 듣는 화학용어는 pH(hydrogen exponent; 수소이온농도를 나타내는 지표로 물의 산성이나 알칼리성의 정도를 나타내는 수치다)다. 수질 하면 제일 먼저 떠오르고 수질과 동일시하는 것이 바로 pH로, 수용액의 산성 및 알칼리성의 정도를 수치로 나타낸 것이다. 7.0을 중성이라고 보며, 7.0보다 작은 값의 경우는 산성, 7.0보다 큰 값의 경우는 알칼리성이라고 한다. 더 본질적으로 말하면 수용액 중의 수소이온, 즉 플로톤 자체의 농도를 나타내고 있다(엄밀하게는 수소이온 활동도의 지수라는 것이라고 하지만, 여기서는 전자의 정의로 한다). 그래서 pH는 수소이온지수라고도 말한다. 화학으로 농도를 나타내는 단위에 몰 농도(md/l)라고 하는 것이 있다. 수용액 중 수소이온의 농도는 일반적으로 작은 값으로, 1~10-14mol/l 같이 넓은 범위에 걸쳐 적용하는 경우가 많기 때문에 몰 농도로 취급하는 것이 불편한 경우가 많다. 그래서 그 농도의 역수의 상용대수로 나타내는 pH가 사용됐다. 역수의 상용대수라고 하는 것은 10-7(= 0.0000001)이라면 7, 10-4(= 0.0001)라면 4라고 하는 것이다.

덧붙이자면, 페하(pH)는 독일어로 읽는 법으로서 영어 읽기에서는 피에이치다(한국도 KS 규격에서는피에이치라고 한다). 'p'는 'potenz(power를 의미하는 독일어)', 'H'는 '수소이온(H^+)'의 의미라고 한다. pH가 1.0 다르면 수소이온의 농도는 10배가 다르다는 말이 된다. 예를 들면, pH8의 물보다 pH7의 물이 수소이온의 농도가 10배 높은, 다시 말해 산성의 정도가 10배 높은 것이다. 이와 같이 pH8에 비하면 pH6은 100배, pH5는 1000배로 산성의 정도가 높은 것이 된다.

pH는 물고기의 생리에 직접적으로 영향을 주기 때문에 pH 쇼크를 최소화시켜야 한다. pH는 다양한 화학반응에 의해 영향을 받고, 여러 가지 화학반응의 결과에서도 변화가 나타난다. 또 박테리아 등 눈에 보이지 않는 생물에도 영향을 미친다. 사육자들은 누구나 가능한 한 변화 없이 일정하게 수질을 유지하고 싶겠지만, 다양한 물질이 관계하는 수질이라는 것을 충분히 측정할 수 있는 수단은 열대어 사육의 취미의 범위에서는 존재하지 않기 때문에 pH는 저가로 측정할 수 있는 유일한 방법으로 사용되고 있다.

열대어 사육의 역사가 오래되다 보니 다른 열대어들의 경우 원종의 서식지에 대한 데이터를 근거로 수질조건을 맞춰주면 무리 없이 사육해 나

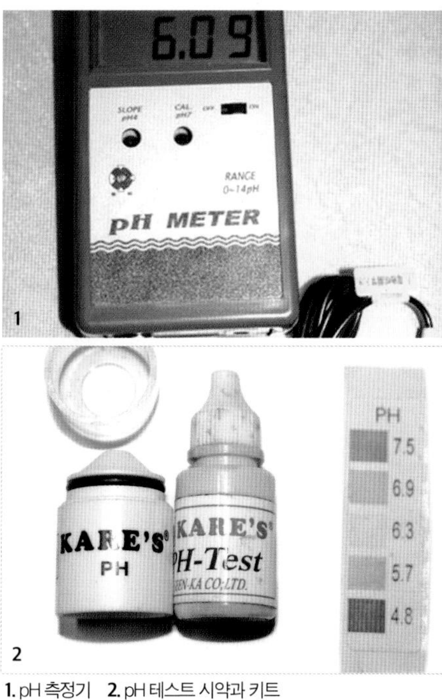

1. pH 측정기 2. pH 테스트 시약과 키트

수초어항에서 사육하고 있는 RREA 풀 레드(Real red eye albino full red)의 군영하는 모습

갈 수 있다. 구피도 원종의 사육 지점에 대한 데이터를 기준으로 pH는 중성에서 약알칼리성의 수질에 맞춰서 사육하도록 권하고 있다. 다행히 국내 상수도 수질은 중성에 가깝고, 빈번한 환수를 해주는 사육상태에서 pH는 걱정할 필요가 없다.

pH가 중성 부근의 범위에서 안정돼 있으면 대부분의 물고기는 무난히 적응할 수 있다고 들은 적이 있다. 반대로 필자가 몇 년 전 약산성을 좋아한다고 여겨지는 코리도라스를 약알칼리성의 환경에서 기르고 번식도 해본 경험이 있다(번식을 하고 있으므로 최적의 환경이다라고 단정 지을 수는 없지만). pH는 참고자료일 뿐, 너무 pH에만 의존해 무리하게 조정하는 것은 그 나름대로 위험성을 가지고 있기 때문에 경우에 따라서는 역효과를 초래할 수도 있다는 점을 염두에 두고 관리하도록 하자.

pH가 변화되는 여러 가지 요인

수조 내의 pH는 생물 여과, 환수, 이산화탄소 첨가 등 여러 가지 요인에 의해 변화가 일어난다. pH의 변화는 구피의 건강과 크게 연관돼 있기 때문에 자주 체크해 주는 것이 좋다. 각 요인에 따라 pH에 어떠한 변화가 일어나는지 살펴보자.

■**생물 여과에 의한 변화** : 생물 여과가 이뤄지고 있는 수조의 경우 pH는 통상 서서히 낮은(좀 더 산성의) 방향으로 향한다. 생물 여과의 결과로 수소이온이 발생하기 때문이다. pH 강하는 수조 내의 물고기 수나 먹이의 양이 많으면 보다 빠르게 진행된다.

■**환수에 의한 변화** : 환수도 pH를 변화시킬 가능성이 있는 큰 원인이 된다. 예를 들면, 수조 물의 pH가 6.5인데 pH7.5의 물로 50% 환수를 하면, 환수를 한 후에 수조의 물은 pH7.0이 돼서 전후로 0.5가 변화해 버린다. 보통 수조 물에서는 완충작용이 이뤄지기 때문에 위의 예처럼 변하지는 않는다고 해도, 환수 시 물의 pH가 너무 차이가 나면 환수를 해준 후의 pH는 변하게 된다. 그렇다면 환수도 나쁜 것 아니냐고 생각할 수도 있지만, 현실적으로는 환수할 필요가 있는 경우가 대부분이다.
환수를 실시하기 전에 수조 물의 pH와 더하는 물의 pH를 가능한 한 동일하게 맞춰주면 pH 쇼크는 발생하지 않는 상태가 되겠지만, 그것을 맞춰주다 보면 시간이 흐를수록 pH는 산성으로 변해갈 것이다. 그러므로 일시적인 쇼크는 발생하지 않겠지만 장기적인 쇼크는 계속 가해질 수밖에 없기 때문에, 일시적 쇼크를 감안하더라도 중성의 물로 환수를 해줄 필요가 있게 되는 것이다.

■**이산화탄소 첨가에 의한 변화** : 이산화탄소가 물에 녹으면 탄산이 된다($CO_2 + H_2O \rightarrow H_2CO_3$). 일반적인 수조 물에도 이산화탄소는 녹아 있다. 탄산도 약산이면서 산이기 때문에 이산화탄소를 많이 녹인 물의 pH는 그만큼 낮아진다. 수초 때문에 이산화탄소를 강제 투입하고 있는 수조의 pH는 낮을 것이다. 대개 이산화탄소를 강제 투입하고 있는 수초수조에서는 첨가한 이산화탄소가 날아가는 것을 방지하기 위해 강한 에어레이션을 하지 않고 순환식으로 물을 돌려주는 것이 일반적이다.
조명이 있을 때 구피는 이산화탄소를 내뿜고 있고, 수초는 광합성을 하고 있으므로 이산화탄소를 들이마시고 산소를 내뿜으며 상호 돕는 관계가 되지만, 어두울 때는 반대로 수초가 산소를 들이마셔 이산화탄소로 인해 pH는 1일 내에서도 변할 것이다. 수돗물에도 탄산은 존재하는데, 수돗물을 1일 에어레이션해 두면 그만큼 탄산이 빠지고 pH가 오른다(이와 같이 공기로 충분히 환기한 후의 pH를 RpH-reserved pH-라고 한다).

RREA 네온 턱시도(Real red eye albino neon tuxedo)

■**기타 요인에 의한 변화** : 이외에 바닥재로 산호사나 조개껍데기, 석회질 돌, 모래를 넣으면 pH는 알칼리성으로 올라가고, 유목을 넣으면 반대로 산성으로 내려간다. 참고로, 흔히 구피는 경도가 약간 높고 약알칼리성인 물을 좋아한다고 말한다. 구피의 원산지 환경이 기수지역에 걸쳐 있고, 구피를 대량 번식하는 동남아의 수질이 경수이기 때문이다. 그러나 전에 있던 환경이 이러하다는 의미지, 구피를 기를 때 반드시 이 조건을 만들어 줘야 한다는 것은 아니다.

소금

구피를 사육하다 보면, 수조에 소금을 첨가하라는 말을 많이 들어봤을 것이다. 듣기에 따라서는 소금이 무슨 만병통치약인 것처럼 말하기도 한다. 필자 역시 아주 오래전부터 소금 넣는 것을 당연하게 생각해 왔지만, 이유는 잘 알지도 못했고 또 알려고도 하지 않았다. 그렇다면 소금은 왜 넣을까. 국내에서 트로피칼 사료를 공급하는 업체 대표의 글에서 그 답을 얻었다. 워낙 좋은 자료라 재구성해 옮겨본다.

『이 자료는 3년 전에 '소금을 왜 사용하는 것일까'라는 궁금증을 갖고, 여러 서적과 관련 사이트를 참고하고 기본자료를 토대로 해서 만든 것이다. 의외로 수족관을 운영하는 많은 사주분들과 구피 마니아들 또한 잘 알지 못하는 부분이다. 여기서 소개하는 내용을 잘 참고해서 구피를 사육하는 데 좋은 성과가 있기를 바란다.

병에 걸린 물고기를 치료하는 데 많이 사용되고 있는 소금. 담수어를 사육한 적이 있는 사육자라면, 한 번 정도는 소금을 이용해 치료를 시도해 본 경험이 있을 것이다. 이 만능치료약 '소금'에 관한 정보를 얻기 위해 오랜 시간 많은 책을 뒤져보고, 많은 사이트를 찾아다녔다. 그러나 구체적으로 제대로 설명해 주는 곳은 없었다. 예를 들면, 열대어 전문서적에서 '백점병에 대한 치료법'을 찾을 경우, 대부분의 서적에 '백점병의 치료법, 수온을 30℃로 올려 10L의 물에 대해 커피 스푼 1스푼의 염을 투입한다'라고만 적혀 있을 뿐, 왜 어떤 이유로 소금을 사용하는지에 대해서는 설명돼 있지 않았다. 이러한 환경 속에서 소금으로 어떻게 물고기의 병을 치료할 수 있는지에 대해 확실하게 이해하고 사용하는 사람은 거의 없는 것 같다.

그러나 그럼에도 불구하고 소금에 많은 효능이 있다는 것은 사실로 보인다. 이번 조사와 전문가를 통해 알게 된 소금의 효능 중 가장 큰 것 2가지는 다음과 같다. 첫째, 아가미의 세포를 팽창시켜 호흡을 촉진시킨다. 이것은 인간에게 있어서는 산소마스크에 해당되는 기능으로, 호흡장애에 대한 치료와 체력회복에 효과가 있다. 둘째, 몸의 삼투압을 조정한다. 삼투압 조정에 대해 알기 위해서는 다음 3가지를 이해할 필요가 있다.

첫째, 물고기의 피부는 반투막으로 구성돼 있다. 이 반투막은 수분은 통과시키지만 염분은 통과시키지 못한다는 특징이 있다. 둘째, 보통 담수에는 염분이 없다고 말한다. 그러나 바위, 돌 등에는 미량의 염분이 포함돼 있고, 그것이 녹아내려 담수에도 미량의 염분이 포함되는 것이다. 셋째, 물고기의 체액은 해수에 비해 염분농도가 낮고, 담수에 비해 염분농도가 높다.

수조에 투입하는 소금은 시판되는 천일염을 사용해야 한다.

이상 3가지를 바탕으로 '몸의 삼투압 조정'에 대해 설명하도록 하겠다. 단순하게 생각하면, 담수어는 삼투압 작용으로 반투막인 피부를 통해 체액보다 농도가 낮은 물을 체내로 들여온다. 이 현상이 계속된다면 흡수한 물로 인해 체액이 엷어진다. 최종적으로는 몸의 기능을 유지할 수 없게 되고, 죽음에 이를 수밖에 없는 것이다. 그러므로 담수어의 경우 '피부로 물이 들어오는 것을 막고 있고 신장이 발달돼 있으며 체내에 침입한 물을 소변으로 배출하는 구조'로 설계돼 있다. 또 아가미를 사용해서 담수에 포함돼 있는 염분을 흡수해 체액이 엷어지는 것을 막는 특징이 있다.

소금을 수조에 넣으면, 물의 경도가 올라가 관상어의 체내와 염분농도 차이가 작아지게 된다. 그 결과 체내로 수분이 들어가려는 삼투압이 약해진다. 거기다 소금의 농도가 더 높아지면, 담수어의 체내에서 수조로 물이 빠져나오려는 역삼투압이 작용한다. 이에 대한 방어장치가 해수어에는 있지만 담수어에는 전무하기 때문에, 질병 치료 시 소금의 양을 잘 조절해야 한다. 이런 식으로 담수어의 삼투압을 조절해 물고기의 체내 신진대사를 활발하게 하고 자연치유 능력을 향상시키며, 체표에 붙어 있는 기생충 및 세균을 쉽게 떨어뜨릴 수 있도록 돕는다. 또 수질변화에 민감한 진균 및 세균, 기생충에게 환경변화에 의한 충격을 줌으로써 치료효과를 볼 수 있게 되는 것이다.

일반적으로 우리나라 수돗물은 경도가 80ppm 정도로 열대어들이 살아가고 있는 서식지 지역과 비교해 매우 적은 양의 소금성분이 용해돼 있다. 따라서 수조에 소량의 소금을 더 넣어주면, 고향의 수질과 같은 수질로 바꿔줌으로써 스트레스를 적게 하고 더 잘 자랄 수 있는 환경을 만들어 주는 것이다. 소금에 있는 염화이온과 나트륨이온이 피부에서 물이 몸속으로 들어가려는 삼투압을 약하게 해 물의 부력을 증진시킴으로써 자연적으로 소모되는 에너지를 적게 하고 모든 에너지를 질병 치유에 사용할 수 있도록 도와준다. 소금은 아질산과 같은 유독물질의 생성을 억제시키는 역할을 한다. 마지막으로, 일반 수족관이나 마니아들이 진단하거나 다루기 어려운 유해균(ex, 킬로도넬라병-chilodontiasis)들의 생성을 억제시키는 역할을 한다.

소금이 이렇게 좋은 역할을 하지만, 계속해서 사용한다면 병원균도 소금에 내성을 갖게 된다. 병원균에게 충격을 주려고 넣은 소금에 의해 담수어가 물과 체내의 역삼투압에 걸려 죽을 수도 있으므로 담수어를 사육할 때 평소에는 넣지 않는 것이 좋다. 즉 물고기의 자연치유력을 촉진해 체내의 신진대사를 활발하게 함으로써 자연적으로 질병을 치료하는 치료목적으로 사용해야 한다. 대량으로 투입하지 않는 한 물고기, 수초, 여과박테리아 등에 영향을 주지 않는다. 소금은 살균작용도 하는데, 대체적으로 발병 초기에 효능이 있다. 병이 악화됐을 때 이 방법을 쓴다면, 어느 정도 치료될 수는 있지만 물고기가 자생적으로 병을 이겨내게 도와줄 뿐이고, 실질적인 약처럼 바이러스를 치료해 병을 낫게 해주는 것이 아니다. 따라서 각 질병에 맞는 약과 소금을 적당히 사용한다면 질병 치료에 많은 도움이 될 것으로 생각한다.』 - 자료출처 : 델라코리아

PSB(광합성세균)

구피뿐만 아니라 다른 물고기들의 사육 시에도 PSB(photosynthetic bacteria; 광합성세균-光合成細菌)라는 빨간 액체를 수조 물에 많이들 첨가한다. 그런데 PSB가 무엇인지, 무슨 작용을 하는지는 잘 모르고 그냥 좋다고 해서 사용하는 분들이 많을 것이다.

■ **광합성세균이란** : 광합성세균은 토양이나 수중에 존재하는 미생물로서 빛에너지를 이용해 탄소동화작용을 하는 세균이다. 사람과 동물의 배설물 및 먹이찌꺼기 등의 유기물이 분해될 때 나오는 유화수소 또는 질소화합물(유화수소, 질소화합물은 작물과 가축 및 어류의 생육에 해로운 물질) 등을 먹이로 섭취하거나 제거하면서 증식한다. 증식하면서 발생되는 분비물은 토양 및 가축의 장내에서는 유산균이나 방선균 같은 유익 미생물의 증식을 촉진하고, 수중에서는 클로렐라 같은 녹색미생물의 발생과 증식을 촉진하며, 자신은 동물성 플랑크톤인 윤충이나 알테미아(artemia; 브라인슈림프) 등의 먹이로 활용된다.

광합성세균의 균체는 영양학적으로 훌륭하고 동물에 대한 독성이 전혀 없기 때문에 가축, 어류의 초기 사료가 된다. 사료첨가물로도 훌륭한 영양공급원이 되며, 작물에 있어서도 생육을 촉진하고 수량이나 품질을 향상시키는 비료로 활용되는 등 그 이용도가 다방면에 걸쳐 연구되고 있는 우수한 균이라고 할 수 있다.

시판되는 PSB 제품들

✚ 양어장용 광합성세균 농축액 스페라투스

스페라투스(speratus)는 아직은 양어장용으로 사용되고 있지만, 향후 구피뿐만 아니라 관상어 사육용품으로도 활용 가능성이 충분한 제품이 되지 않을까 해서 다음 자료를 옮겨본다.

스페라투스는 1989년 국내 어류 양식장에서 서식하는 광합성세균을 순수 분리해 국내 최초로 치어의 먹이미생물로 이용하는 데 성공한 이래 현재에 이르기까지 그 품질을 인정받고 있는, 어류의 성장과 수질의 정화에 탁월한 효능을 가진 양어용 광합성세균 농축액 제품이다. 어류의 생육을 빠르게 해주는 비타민, 핵산, 필수아미노산 등의 영양성분과 어류의 색을 곱게 해주는 홍색색소인 카로티노이드 함유량이 아주 많아 어린 치어의 생존율과 성장을 촉진하며, 부화 직후 치어의 먹이미생물로 사용 시 치어의 생존율을 대폭 높인다. 스페라투스는 어류를 체질적으로 튼튼하게 해주는 물질(면역증진 물질과 영양소)과 항바이러스인자를 많이 가지고 있어 질병에 강하게 만들고, 양어지의 오염물질을 없애 물을 깨끗하게 유지함으로써 어류가 잘 자라도록 도와준다. - 자료출처 : 우일바이오 F&M(www.wooilbio.com)

■ **홍색 광합성세균** : 홍색을 띠는 광합성세균이라고 해서 다 똑같은 광합성세균은 아니다. 홍색을 띠는 광합성세균의 종류는 37종이나 되며, 그중에서 작물이나 가축 그리고 양어에 가장 많이 이용되고 있는 홍색 광합성세균의 종류만 해도 무려 16종이나 된다. 또한, 종류에 따라 그 특성도 다음과 같이 각각 다르게 나타난다.

첫째, 균종에 따라 영양물질, 생육촉진물질, 항균물질생성 능력, 악취제거 능력, 유기물분해 능력 등의 특성이 크게 달라진다. 둘째, 균종에 따라 땅속에서 잘 자라는 균, 해수나 담수에서 잘 자라는 균, 가축의 분뇨에서 잘 자라는 균 등 좋아하는 환경이 각기 다르다. 셋째, 같은 균종이라 해도 기르는 환경(빛의 유무와 밝기의 정도, 산소의 유무 등), 먹이의 종류에 따라 배양액 안에 배출하는 영양물질이 달라지게 된다. 이러한 이유로 광합성세균을 배양하기 위한 배양액 제품은 농업, 축산업, 수산업 등 각각 사용 용도에 따라 먹이의 종류(배지)를 달리해 필요한 균종을 배양해야 한다.

균주에 따라 양어용 PSB의 기능도 달라진다. 첫째, 항바이러스(면역) 기능을 올려준다(일본 PSB 특허 보고에 따르면, 각종 바이러스를 넣은 수조에서 PSB를 사용한 결과 생존율이 40~60%까지 올랐다고 함). 둘째, 수질을 안정시키고 각종 오염물질인 먹이찌꺼기와 배설물의 분해를 촉진한다. 셋째, 어류의 생육을 빠르게 해주는 비타민, 핵산, 필수아미노산 등 영양성분과 어류의 색을 곱게 해주는 홍색색소인 카로티노이드 함유량이 많아 치어의 생존율을 높이고 성장을 촉진하며, 부화 직후 치어의 먹이미생물로 사용된다.

04
section

여과와 여과기

수조 내 수질은 구피 사육에 있어서 가장 기본이 되고 또 가장 중요한 것이다. 수질을 청결하게 유지하기 위해서는 여과에 대해 알아둘 필요가 있으며, 여과의 중요성을 인식하고 여과과정을 잘 이해해야 수질 관리를 올바르게 할 수 있다.

여과과정에 대한 이해

구피 사육에 있어서 여과과정을 이해하는 것은 질소화합물의 순환과정을 이해하는 것과 같다. 수질 척도의 또 다른 기준인 pH, 경도(물의 세기 정도를 나타내는 것) 등은 구피를 새로 입수하는 경우가 아니면 기르는 데 있어서는 거의 신경 쓸 일이 없다. 구피가 먹이를 먹고 내보내는 배설물의 대부분은 약간의 소변을 통한 암모니아(NH_3)와 대변을 통한 유기물이며, 유기물은 어항 안에서 빠르게 부패해 암모니아를 발생시킨다. 이 암모니아는 독성이 있어서 제거되지 않으면 매우 심각한 피해(구피가 죽거나 꼬리가 녹는다)를 볼 수 있다. 구피 사육에 있어서의 여과는 이 암모니아를 어떻게 어항에서 제거할 것인지가 핵심이라고 할 수 있겠다.

저먼 옐로우 테일 턱시도(German yellow tail tuxedo = 하프 블랙 파스텔 Half black pastel)

■ **물리적 여과**(mechanical filtration) : 물리적 여과는 수조 내에서 발생하는 구피의 배설물이나 먹고 남은 먹이찌꺼기, 수초찌꺼기 등의 유기성 침전물을 물리적으로 걸러주는 것을 말한다. 프리필터(prefilter; 이물질을 먼저 걸러주는 필터. 오염물질이 쌓이면 필터를 세척하거나 교체해 준다)나 기타 물리적인 방법(바닥에 쌓인 침전물을 뜰채로 걷어내거나 사이펀으로 뽑아내 배출하는 것 등)을 이용해서, 앞서 언급한 유기성 침전물을 암모니아가 생성되기 전에 미리 제거해 주는 것이 물리적 여과에 속한다.

■ **생물학적 여과**(biological filtration) : 생물학적 여과는 여과박테리아를 이용해 암모니아를 비교적 독성이 덜한 아질산, 질산염으로 바꿔주는 것을 말한다. 즉 생물학적 여과란 니트로소모나스(*Nitrosomonas*; 암모늄이온을 아질산으로 산화시키는 아질산균의 일종. 암모니아산화균), 니트로박테르(*Nitrobacter*; 암모늄으로부터 생성된 아질산을 질산으로 산화시키는 질산균. 아질산산화균)라는 두 가지 호기성 여과박테리아를 이용해 {암모니아(NH_3) -> 아질산(NO_2^-) -> 질산염(NO_3^-)}으로, 덜 해로운 질소화합물로 전환시키는 것이다.
위의 질소화합물이 분해되는 과정을 질소순환(nitrogen cycle; 질소 사이클)이라고 한다. 여과박테리아는 공기 중에 존재하기 때문에 어항에 일부러 넣어주지 않아도 되며,

블루 턱시도(Blue tuxedo = 하프 블랙 블루 Half black blue)

어항 안에 여과박테리아가 충분히 활착해 암모니아 수치가 급격히 높아지지 않는 어항을 '물이 잡혔다'고 표현한다. 여과의 과정을 간단하게 소개하면 다음과 같다.

니트로소모나스 *Nitrosomonas* **{암모니아**(NH3, NH2) **—> 아질산**(NO2⁻)**}**

니트로박테르 *Nitrobacter* **{아질산**(NO2⁻) **—> 질산염**(NO3⁻)**}**

시판되고 있는 여과기의 대부분은 물리적 여과와 생물학적 여과를 기대하고 만들어진 것이다. 스펀지 여과기나 저면여과기가 대표적인 생물학적 여과기라고 할 수 있겠고, 측면여과기가 대표적인 물리적 여과기라고 할 수 있다. 이 두 가지 과정은 따로 분리해 생각할 수 없고, 외부여과기의 경우처럼 그 역할을 동시에 수행한다.

■ **화학적 여과**(chemical filtration) : 화학적 여과는 물리적, 생물학적 방법 이외에 화학적인 방법(이온교환수지, 활성탄 등)으로 여과하는 것을 말한다. 구피를 기를 때는 물이 아직 잡히지 않았을 때 활성탄을 이용해 암모니아를 흡착하거나, 약을 썼을 경우(사실 약은 거의 안 쓰지만) 나중에 이를 제거할 때 활성탄을 이용하는 방법이 주로 쓰인다.

수조 위에 설치하는 상면식 여과기

자작 피쉬렛 여과기

여과기의 선택

여과기는 청소하기 쉽고 가격이 저렴하며, 무엇보다 안정된 여과성능을 보여주는 것을 사용해야 한다. 일반적으로 스펀지 필터와 상면여과기, 저면여과기, 외부여과기 등을 사용한다. 치어어항과 종어어항 등 작은 어항에는 스펀지 필터를 주로 사용하며, 여과능력을 보완하기 위해 모래를 덮어서 사용하는 경우도 있다. 브라인슈림프 등을 먹이로 급여할 때는 구멍이 막혀서 여과능력을 발휘하지 못하는 경우가 생길 수도 있기 때문에 1~2주일에 한 번 정도는 꺼내서 꼭 짜줘야 한다.

60cm 이상 되는 큰 어항에는 주로 상면여과기나 외부여과기 등을 이용하는데, 상면여과기는 여과능력을 보완하기 위해 모터의 입수구 부분에 스펀지 필터를 달아서 사용하는 경우도 있다. 상면여과기는 자작해 사용할 수도 있다. 외부여과기는 가격이 비싸서 모든 어항에 달기는 힘들겠지만, 여과능력이 뛰어나고 관리하기도 편리하다는 장점이 있다. 구피를 기르는 데는 석자 이상 크기의 어항은 필요 없지만, 이렇게 큰 어항을 사용하게 될 때는 외부여과기를 선택하는 것이 좋다. 수질은 여과기에 전적으로 의존하기보다는 좋은 여과기와 함께 부분 물갈이를 계속 해줘야 한다.

피쉬렛 여과기는 에어의 힘을 이용해 구피가 먹고 남긴 사료나 브라인슈림프, 배설물 등을 분진 없이 모아주는 역할을 한다. 하지만 아직은 너무 고가의 제품이기 때문에 널리 이용되는 여과방식은 아니며, 파워리프트(power lift)라고 하는 부속물을 추가하지 않은 상태에서는 만족할 만한 여과력을 보여주지는 못한다.

Tip 알아두면 좋은 구피 사육정보

수조 크기에 따른 적절한 사육 마릿수

구피의 크기, 먹이의 급여량, 물갈이 주기와 양, 수조의 크기, 여과방식에 따라 매우 큰 차이를 보이기 때문에 이 문제에 대한 정답은 없다. 단, 어떠한 방식으로든 과밀사육은 좋은 결과를 얻을 수 없다는 점을 기억하자. 1자 어항을 기준으로 최대 성어 5쌍 이상의 사육은 피하는 것이 좋다.

환수주기와 환수량

먼저 구피는 예상외로 적응력이 상당히 좋은 물고기라는 점을 생각해야 한다. 급격한 변화만 아니라면 환수에 있어서 %는 중요하지 않고, 환수량에 적응돼 있는가가 중요하다. 환수주기도 3일이건 10일이건, 규칙적으로만 실시하면 구피들도 그 주기에 익숙해지고 적응해 나간다. 환수주기나 환수량이 일정 범위를 벗어나면 문제가 되겠지만, 사육자의 사육방법에 구피를 적응시키는 것이 더욱 중요하다고 할 수 있다.

수조에 이상증세를 보이는 구피가 있을 경우

구피는 잘 버려야 잘 기를 수 있다. 이 말은 모든 구피를 살리려고 들면 결국 모두 죽이게 된다는 뜻이다. 냉정하게 들릴지 모르지만, 철저한 도태만이 남겨진 구피들을 가장 잘 기를 수 있는 방법이다. 이상징후가 발견됐을 때 유일한 종어인 경우에는 어떻게든 살릴 방법을 찾겠지만, 그런 경우가 아니라면 골라서 도태시키는 것이 현명하다. 이상징후 개체를 고른 후 남은 개체들의 수조에 대해 환수나 약 처방 등의 조치가 필요하다.

암컷 구피의 산란시기에 따른 치어의 차이

보통 전문사육자들은 첫 번째는 피하고 2~4번째 치어를 받아 선별한다. 늙은 개체의 치어도 받지 않는다. 차이가 미미하지만, 초산의 경우 치어들의 마릿수와 크기가 작아 피하고, 늙은 개체의 경우 치어들의 건강이 젊은 개체의 치어에 비해 확률상 떨어진다. 치어를 낳는 숫자가 너무 많아도 크기가 작아져 좋지 않다. 품종에 따라 다르지만, 약 30~40마리 정도의 출산일 때 치어의 상태가 가장 좋고 성장도 빠르다.

구피의 성전환

같은 난태생 어종 중 소드테일이 성전환을 많이 한다. 많지는 않지만, 구피도 성전환을 하는 개체가 있다. 소드테일의 경우 성전환한 개체를 통해 태어난 다음 세대는 성전환 확률이 높다는 의견도 있지만, 구피는 수정이 잘 안 되고 몸통만 클 뿐 꼬리 크기도 작은 상태에서 커지질 않으므로 성전환하는 개체들은 제외하는 것이 좋다.

구피의 성장과 조명시간의 상관관계

성장하는 데는 별 관련이 없지만, 발색에는 영향을 준다. 외국 브리더 중 일부의 경우 밤에도 약한 조명을 방에 설치해 성장한 수컷이 수면 아래로 내려와 자는 걸 막아 지느러미를 보호한다고 한다. 최소 3~4시간 정도 조명을 켜주는 것이 좋다.

바닥재 청소와 여과박테리아, 흑사와 pH

여과박테리아는 돌에도 흡착돼 있기 때문에 전체 물갈이를 하면서 바닥을 뒤집어도 구피가 쇼크를 받을 만큼 영향을 주지는 않는다. 흑사 자체는 pH에 아무런 영향을 끼치지 않는다. 단지 흑사 주변에 묻어 있는 이물질이 pH를 높이거나 낮추는 역할을 할 뿐이다. 세팅 초기에 흑사가 pH를 높이는 이유는 흑사 주변에 묻어 있는 산호사 등의 이물질 때문이고, 세팅 후기에 pH가 낮아지는 이유는 배설물이나 사료찌꺼기 등이 분해되면서 생기는 인산염 등의 산성물질 때문이다.

오래 묵은 흑사가 좋다는 이유는, 흑사 주변의 이물질이 모두 분해되거나 물갈이 등으로 녹아 없어져 pH나 경도 등에 아무런 영향을 끼치지 않는 상태가 됐기 때문이다. 흑사의 산 처리는 산으로 흑사 주변의 이물질을 녹여내서 단시간에 오래 묵은 효과를 주기 위함이다. 따라서 흑사로 세팅된 어항에서 pH가 생각 이상으로 낮아질 경우에는 물갈이와 더불어 바닥재 사이에 쌓인 찌꺼기를 청소해 주면 pH하강을 막을 수 있다.

Chapter 04

구피의 먹이

생먹이와 인공먹이의 여러 가지 종류와 특성, 각각의 먹이를 급여하는 방법, 직장을 다니는 구피 사육자의 먹이급여 사례에 대해 알아본다.

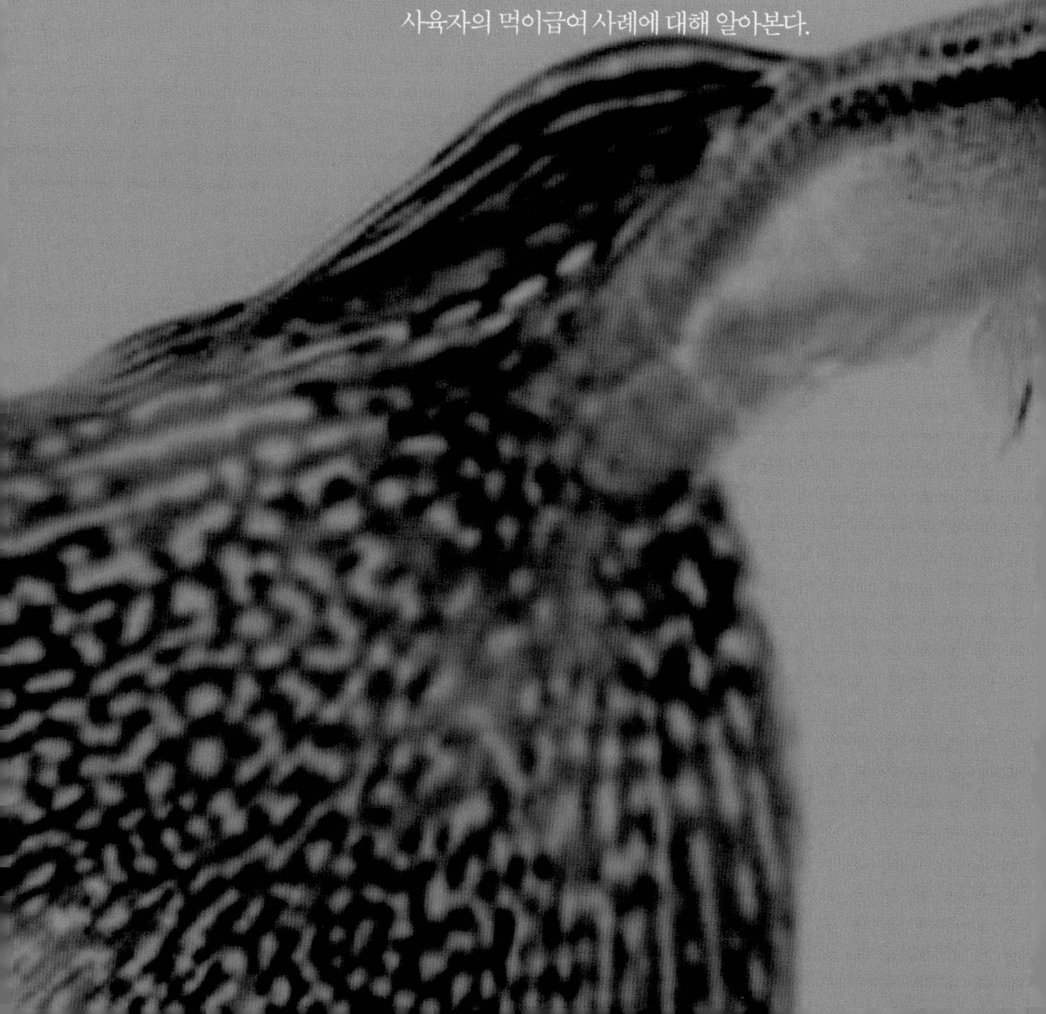

01
section

구피 먹이의 종류와 특성

구피의 먹이는 크게 생먹이와 인공먹이로 나눌 수 있다. 생먹이의 종류로는 실지렁이, 장구벌레, 물벼룩, 마이크로웜(microworm), 브라인슈림프(brine shrimp) 등을 들 수 있으며, 인공먹이의 종류는 플레이크 타입(flake type; 재료들을 배합해 납작하게 눌러 건조해서 만든 것)이나 그래뉼 타입(granule type; 배합한 재료의 입자 내에 기공을 만들어 제조한 것) 등의 다양한 사료가 시중에서 판매되고 있다. 또 구피 전용으로 나온 사료도 판매되고 있으며, 이러한 사료 외에도 사육자가 직접 제조하는 햄벅과 계란노른자 등의 먹이와 사료도 있다. 이번 섹션에서는 생먹이와 인공먹이의 차이 및 특성에 대해 알아보고, 각각 어떠한 종류가 있는지 살펴보도록 한다.

생먹이와 인공먹이의 차이

생먹이는 인공사료에 비해 구피의 성장에 필요한 영양소가 상대적으로 많이 포함돼 있다. 따라서 단순히 관상목적으로 사육하더라도 구피의 아름다움을 제대로 즐기기 위해서는 꼭 생먹이를 급여할 것을 권장한다. 그러나 생먹이 중에서 실지렁이나 물

골든 옐로우 코브라 스피어 테일(Golden yellow cobra spear tail)

벼룩, 장구벌레의 경우 온갖 질병을 옮길 수 있으므로 급여 전에 세척 또는 소독 등의 충분한 사전조치가 선행돼야 하고, 보관에 각별한 주의를 기울여야 한다. 전문사육자들이 추천하는 가장 좋은 생먹이는 브라인슈림프인데, 매우 위생적이고 영양소가 풍부해 치어의 육성뿐만 아니라 성어의 경우에도 훌륭한 먹이가 된다. 그러나 브라인슈림프가 아무리 좋다고 해도, 이것 하나만으로 사육하는 경우 영양상태의 불균형을 가져올 수 있으므로 다른 종류의 먹이와 혼합해 급여하는 것이 좋다.
인공사료는 생먹이만으로 보충할 수 없거나 모자라는 비타민 등을 공급해 주는 보조먹이로서 사용할 수 있다. 단, 인공사료로만 사육된 구피는 성장이 좋지 않고 번식력도 떨어지므로 생먹이와 적절하게 섞어 공급해 주도록 한다.

생먹이의 종류와 특징

아무래도 생먹이는 질병을 전염시킬 위험성도 내포하고 있지만, 구피의 성장에 있어서는 가장 효과적인 먹이기 때문에 브리더들이 늘 애용하고 있는 상황이다. 생먹이의 종류와 특징, 보관방법, 급여방법 등에 대해 간략하게 알아보도록 하자.

■**마이크로웜**(microworm) : 마이크로웜은 맥주를 발효시킬 때 생기는 유충으로, 인공발효 시 지독한 냄새가 나기 때문에 국내에서는 사육자들이 배양을 꺼리고 있는 실정이다. 마이크로웜은 수중에서 약 2일 동안 살아 있기 때문에 직장인처럼 여러 번 먹이를 급여하는 것이 쉽지 않은 사람에게는 최적의 먹이라는 것만큼은 사실이다.

미국에서는 브라인슈림프와 쌍벽을 이루며 오랜 시간 각광을 받아온 먹이로서 전분이나 오트밀에 스피룰리나(Spirulina; 남조식물 흔들말과의 조류)를 섞어서 만들기도 했는데, 최근에는 두유에 건빵을 넣어 간단히 배양해 내고 있다. 배양재료에 따라 웜의 영양소에 있어서 차이가 많이 나고, 관리의 어려움과 고약한 냄새 때문에 국내에서는 그다지 각광받지 못하는 생먹이다. 배양성분에 따라 냄새나 영양성분이 다소 차이가 나는데, 일반적으로 브라인슈림프보다는 지방이 조금 더 많다고 한다.

마이크로웜의 배양방법은 간단하다. 작은 반찬통 같은 그릇에 시판되고 있는 베지밀B 또는 일반두유에 미숫가루나 건빵을 넣어 1cm 정도 두께가 되도록 한다. 이걸 배지라고 하는데, 이 배지를 만든 다음 마이크로웜을 조금 이식한다. 그리고 하루에 한 번 정도 배지가 마르지 않도록 스프레이로 물을 뿌려준다. 이렇게 2~3일이 지나 배지가 발효되면 마이크로웜이 증식을 시작하며, 증식된 웜들은 사방 벽면을 타고 올라온다. 이때부터 벽면에 있는 마이크로웜을 채집해 급여하면 된다.

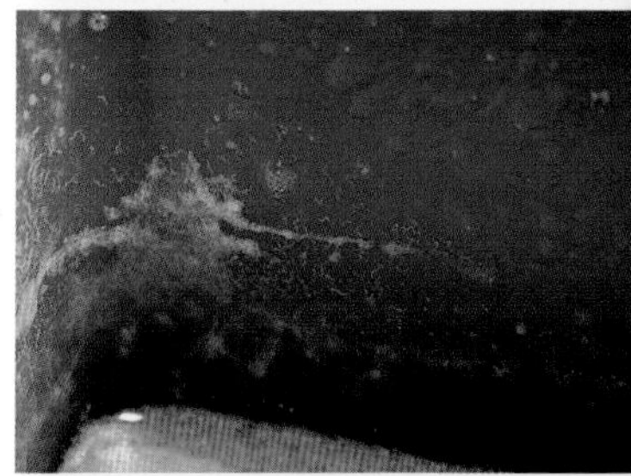

마이크로웜의 배양

■**화이트웜**(whiteworm) : 다 성장하면 실지렁이만큼 커지는 화이트웜은 부엽토를 바닥에 깔고 먹이로 식빵을 주면 무난히 증식한다. 단점은 성체가 되기까지의 시간이

블루 테일(Blue tail)

한 달이나 걸린다는 것과 먹이붙임이 뛰어나지는 못하다는 것이다. 장점은 냄새가 거의 없다는 것, 작은 크기는 무척 작아서 치어의 먹이로 손색이 없다는 것이다.

■**그린달웜**(grindalworm) : 필자도 아직 그린달웜은 본 적이 없다. 외국의 몇몇 브리더가 사용하는 그린달웜은 화이트웜과 유연관계가 있는 작은 웜이지만, 훨씬 배양하기 쉽고 생산적이라고 한다. 배양방법은 화이트웜과 동일하다. 웜 종류는 육상생물이다 보니 수생생물에 해로운 기생충 같은 것이 없고, 물속에서는 수중으로 잘 파고들지 않는다는 장점을 가지고 있다. 웜은 지방함유량이 많아 다량으로 먹이면 지방질이 쌓여 물고기가 죽는 일도 생긴다고 하는데, 이는 오로지 웜만 먹일 경우 나타날 수 있는 현상이고 다른 먹이들과 함께 사용한다면 괜찮다.

■**실지렁이**(bloodworm) : 열대어 사육 역사에 있어서 가장 대중적으로 사용하던 먹이가 바로 이 실지렁이다. 가격이 저렴하고 영양성분이 풍부해 훌륭한 영양식으로서 구피 사육자들에게 사랑을 받아왔다. 그러나 최근에는 가격도 비싸지고, 서식지파

괴로 인해 채집량이 줄어들어서 쉽게 구할 수 없게 됐다. 브라인슈림프와 더불어 구피의 먹이붙임이 가장 뛰어난 먹이로서 성장과 치어생산에 탁월한 효과를 입증했지만, 실지렁이의 서식지가 수질오염이 심한 곳이어서 각종 질병인자를 내포하고 있다. 또 중금속오염물질이 2차로 구피에게 영향을 주는 등 피해가 커서 실지렁이를 먹이로 사용하는 사육자는 급감한 실정이다.

실지렁이를 냉장고에 보관하는 방법(1)과 물통에 보관하는 방법(2)

실지렁이는 단백질이 많은 생먹이인데, 문제점은 단백질대사의 산물인 질소화합물(암모니아, 아질산 등)의 독성이다. 이를테면 실지렁이 같은 먹이는 가격이 비싼 만큼 단백질 함유량도 매우 높은데, 그래서 실지렁이를 먹이면 눈에 보일 정도로 성장이 빠르고 새끼도 많이 받지만 지느러미가 큰 수컷 구피에게는 바로 독이 된다.

환수를 조금만 소홀히 해도 당장에 꼬리에서 피가 나고 녹아내리게 된다. 이는 단백질 함유량이 많은 먹이일수록 그만큼 물고기에게는 독이 되는 암모니아나 아질산이 많이 발생하기 때문이며, 특히 이에 민감한 구피에 있어서는 그야말로 양날의 검이 되는 것이다. 일부 실지렁이를 양식하는 곳이 있다고는 하는데 아직은 대중화되지 못하고 있는 실정이고, 일반 사육자들은 보관이 어려워 점차 실지렁이 급여를 꺼리는 요인이 됐다. 그러나 적절한 소독과정을 거치고 정량으로 급여한다면 최상의 먹이라고 할 수 있다.

실지렁이를 보관하는 방법은 두 가지가 있다. 물통에 물을 많이 채워 에어를 공급해 주는 방법과 실지렁이가 반쯤 잠길 정도의 높이로 물을 채워 공기호흡을 할 수 있게 해주는 방법이다. 산소를 많이 소비하므로 가급적 에어량을 충분히 공급해 주는 것이 좋다. 하루에 한 번씩은 물을 바꿔주고, 여름철에는 더 자주 바꿔주도록 한다. 공기호흡을 할 수 있게 해주는 방법의 경우 냉장고에 넣어 보관하기도 한다.

■**장구벌레**(mosquito larva) : 과거에는 동네 수족관에서 살아 있는 장구벌레를 팔곤 했

냉동 장구벌레는 사진과 같이 깨끗이 세척하는 작업을 거친 후 급여한다.

다. 실지렁이 못지않은 먹이반응을 보여 그 당시에도 실지렁이보다는 훨씬 비싼 가격에 판매됐다. 이후에는 살아 있는 것보다 냉동으로 가공해 시판함으로써 모든 열대어 사육 시 냉동먹이의 대명사로 급부상하게 됐다. 장구벌레는 엔젤(Angelfish, *Pterophyllum spp.*) 등 시클리드류(Cichlids)에 탁월한 효과를 보인다.

붉은장구벌레는 물지 않는 모기의 유충이며, 깔따구과(Chironomidae)에 속하는 붉은모기의 유충이라고도 한다. 이들은 1000가지의 알려진 종류 가운데 가장 큰 과에 속하며, 오직 몇 종류만이 붉은색을 띤다. 대부분의 유충은 희거나 노랗거나 푸른색이며, 크기는 20~30mm에 이른다. 높은 헤모글로빈 농도 때문에 이 붉은 유충은 많은 영양가를 갖고 있다. 다만 구피 먹이로는 치어들에게 맞지 않고, 제조과정에서 불순물이 많이 내포될 수 있으므로 소독과 세척작업을 거친 후에 급여하는 것이 안전하다.

대부분의 구피 브리더는 냉동 장구벌레를 사용하지 않는다. 참고로 실제 우리가 구입하는 제품은 하천에 서식하는 붉은장구벌레가 아닌 다른 적충 제품이 많은 것으로 알려져 있는데, 살균 처리가 됐다고는 하지만 그 과정이나 장구벌레의 내부에 대해서는 솔직히 미심쩍은 것이 사실이다. 한 번 녹은 냉동 장구벌레는 세포가 파괴돼 오염의 원인이 되며, 장염이나 기타 질환을 일으킬 수 있으므로 유의한다.

장구벌레를 급여하려면 일단 수돗물에 넣어 해동시킨 뒤, 새 물로 여러 차례 헹궈서 물기를 빼고 핀셋으로 공급해 주면 된다. 이때 먹고 남기지 않을 만큼만 급여해야 하며, 제조된 지 6개월 이상 지난 냉동제품은 사용하지 않는 것이 좋다. 또 중요한 점은, 완전히 녹지 않은 상태로 먹여서는 절대 안 된다는 것이다. 해동이 덜 된 것을 먹일 경우 민감한 물고기의 소화기관에 염증을 일으킬 수 있기 때문이다.

■ **물벼룩**(water flea) : 언뜻 보면 브라인슈림프와 비슷하게 생겼고, 구피를 사육하는 데 이상적일 것 같은 먹이가 물벼룩이다. 그러나 먹이반응이 그다지 좋지 않고, 물벼룩 역시 채집지역이 오염된 곳이 많아 질병의 위험이 많은 먹이라고 할 수 있다. 최

근에는 배양하는 방법을 찾아 성공한 분들도 있고, 물벼룩의 종류도 상당히 많기 때문에 잘만 연구하면 구피 먹이로서 충분히 발전할 가능성이 있는 먹이라고 보고 있다. 특히 겨울철에 채집되는 일명 '쌕쌕이'라는 물벼룩은 물고기의 발색을 내는 데 최고의 효과가 있다고 널리 알려져 있을 만큼 부화장 등에서는 예전부터 귀하게 여겨진 먹이다. 필자의 경우 발색에 도움이 될까 싶어서 냉동된 것을 구해 먹여 봤지만, 구피들에게는 먹이반응이 좋지 않아 급여를 중단한 적이 있기도 하다.

번식시키기 위해서는 일단 물벼룩을 구입 또는 채취한 다음, 작은 수조를 준비하고 어항 물을 채운다. 온도를 26℃ 정도로 맞춘 다음, 구입하거나 채취한 물벼룩을 입수한다. 여과는 필요 없고, 수류가 안 생길 정도의 미세한 에어레이션을 해준다. 물벼룩의 먹이로는 녹색말가루나 PSB를 주면 되는데, 녹색말가루는 아주 연하게 희석시킨 후 소량씩 1일 2~3회 주면 된다. 먹이를 많이 주면 수질악화로 몰살할 수 있으므로 주의해야 한다. 물벼룩은 수질에 민감하므로 매일 약 20% 정도 환수를 해준다. 이때 물벼룩이 탈피한 껍질은 제거해 주는 것이 좋다. 환수하는 물은 기존 어항의 물을 이용하는 것이 좋은데, 수질은 경수를 유지하는 것이 적절하므로 pH7~8.5가 나오도록 산호사를 조금 넣어준다. 급여는 스포이트를 이용하면 된다.

■ **브라인슈림프**(brine shrimp) : 브라인슈림프는 '아르테미아 살리나(*Artemia salina*)'라고 하는, 해수에서 발생하는 갑각류의 유생으로 크기가 작고 영양가가 풍부해 치어용으로 매우 적합한 먹이다. 시중에서 판매하고 있는 브라인슈림프는 아르테미아 살리나의 알을 건조한 것으로, 집에서 쉽게 부화시켜 사용할 수 있다. 또한, 건조하게 유지하면 장기간 보관할 수 있기 때문에 구피뿐만 아니라 다른 열대어를 사육할 때도 많이 사용되고 있다. 현재까지는 열대어 생먹이로서는 최고의 위치를 차지하고 있는 먹이라고 할 수 있겠다.

브라인슈림프 부화시키는 모습

부화 후 냉동시킨
브라인슈림프

브라인슈림프의 가장 큰 장점이 질병으로부터 안전하고, 치어나 성어 가릴 것 없이 최고의 먹이반응을 보인다는 것이다. 부화장을 비롯해 대부분의 구피 브리더가 이 브라인슈림프를 사용하고 있으며, 다른 생먹이에 비해 소화가 빠르고 보관이 쉽기 때문에 사육자들로부터 큰 사랑을 받고 있다.

미국 유타주 지역의 슈림프를 최고로 인정하고 있지만, 환율 상승과 채집량 감소로 가격이 너무 올라 비용의 부담이 크다. 대안으로 중국산 브라인슈림프를 권하고 싶은데, 몇몇 제품은 부화율도 크게 차이 나지 않고 가격도 저렴하다. 브라인슈림프도 물벼룩과 같이 지역에 따라 종류가 달라서 부화 후 색깔과 크기의 차이는 있지만, 영양분의 차이는 크게 걱정할 수준은 아니다. 경험상 미국 제품으로는 인베사 제품이 가장 좋았고, 중국 제품으로는 상표는 없지만 대만 브리더들의 추천을 받은 제품이 거의 100%에 가까운 부화율을 보여 미국 제품 이상으로 가장 좋았다.

브라인슈림프를 자주 부화시키는 것이 번거롭다는 이유로 한 번에 많은 양을 부화시켜 냉동 보관해 두고 사용하는 사람들도 있다. 그러나 급속으로 냉동한 것이 아닌 경우 포함된 영양가가 기존의 10%밖에 되지 않는다고 하니, 다소 귀찮더라도 그때그때 부화시켜 급여하는 것이 바람직하다고 하겠다. 브라인슈림프 부화과정을 상당히 귀찮게 생각하는 사육자들이 많은데, 10분 정도의 노력으로 구피에게 최상의 먹이를 줄 수 있다고 생각한다면 즐거운 작업이 될 수 있을 것이다.

■ **햄벅**(hamburg) : 햄벅은 주로 디스커스(Discus, *Symphysodon spp.*) 사육에 많이 사용되는 먹이인데, 미국에서는 구피 먹이로 널리 선택되고 있다. 소의 염통을 갈아 핏물과 지방을 제거한 뒤 젤라틴에 섞어 만드는 것으로, 냉동해서 보관하기 쉽고 원하는 크기대로 잘라 먹이기에도 편하다. 또한, 만들 때 사육자가 원하는 성분(비타민, 스피룰리나, 케로틴, 약물 등)을 임의로 추가할 수 있다는 장점이 있다. 소 염통을 사용하는 이유는 지방이 가장 적고 기생충이 없는 깨끗한 부위이기 때문이다.

✚ 브라인슈림프 부화시키는 방법

브라인슈림프는 급속으로 냉동하지 않으면 영양가가 기존의 10%밖에 포함되지 않으므로 귀찮더라도 그때그때 부화시켜 급여하는 것이 가장 좋다. 부화방법을 참고해 구피에게 최상의 먹이를 제공해 주기를 바란다. 소금의 양은 브라인슈림프 제품에 따라 조금씩 달라지며, 부화시간도 온도와 제품에 따라 조금씩 다르다. 조명은 켜주지 않아도 부화시키는 데는 아무 지장이 없다.

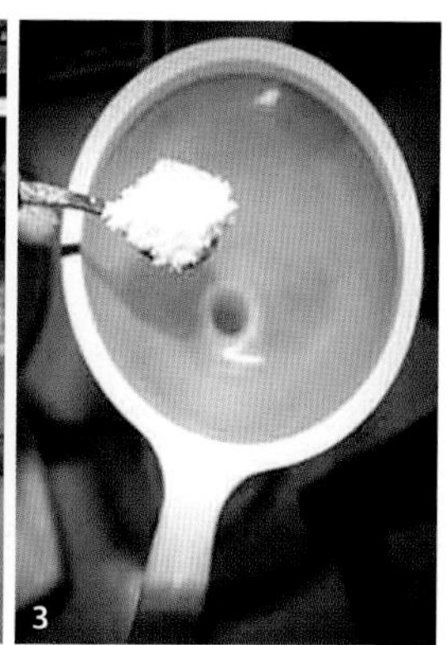

1. 1.2L 페트병에 80% 정도의 물을 채운다.

2. 마트에서 깔때기를 구입해 위에 놓는다.

3. 소금을 커피 스푼으로 4~5스푼 투여한다.

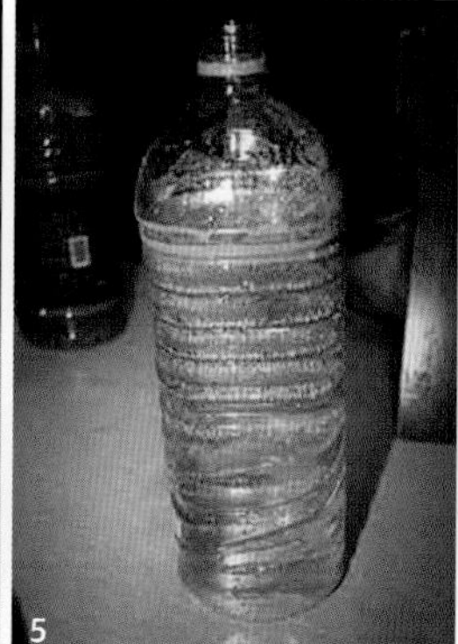

4. 브라인슈림프를 투여한다. 사육 마릿수에 따라 달라지지만, 일반적으로 1스푼이면 충분하고, 2~3스푼 부화시켜 냉장고에 넣고 2~3일간 먹여도 된다.

5. 준비가 완료된 모습

6. 에어레이션을 해주면 설치가 끝난다.

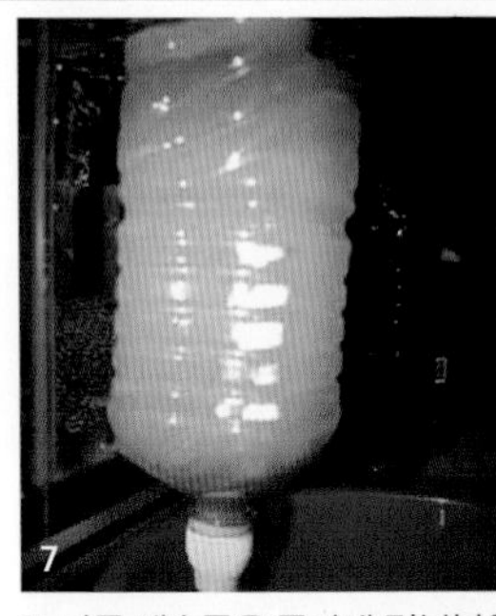
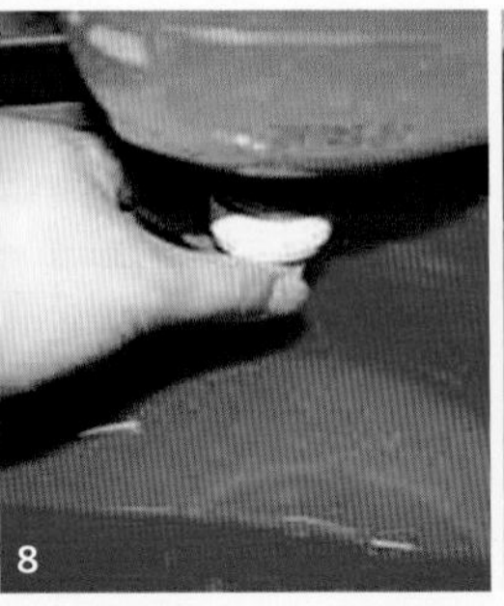
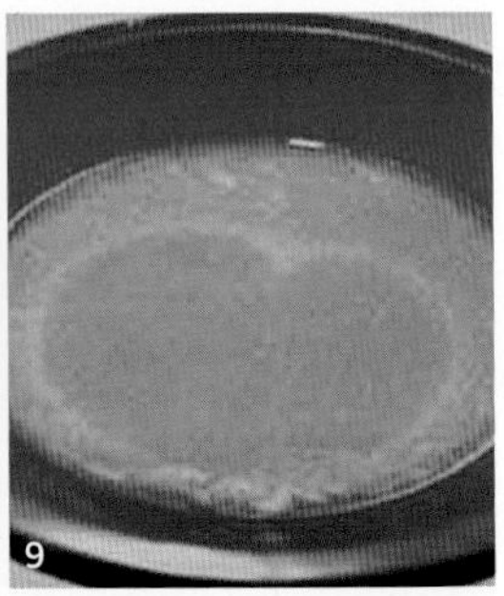

7. 다른 생수통을 준비해 밑부분을 자르고 옷걸이를 이용해 걸 수 있도록 만든 후, 부화가 완료된 브라인슈림프를 붓는다. 3~5분 후면 사진과 같이 껍데기는 위로 뜨고, 부화된 브라인슈림프는 아래쪽에 모이게 된다. 겨울철에는 실내온도에서 2일, 여름철에는 1일 정도 지나면 부화가 완료된다.

8. 마트에 가면 쿠우라는 음료수가 있는데, 뚜껑을 돌려서 물을 뺄 수 있어 매우 편리하다. 사진은 마개를 돌려 모여 있는 브라인슈림프를 빼는 모습이다.

9. 부화된 브라인슈림프만 빼낸 모습. 단, 여기에는 부화가 안 된 알들도 포함돼 깔려 있다.

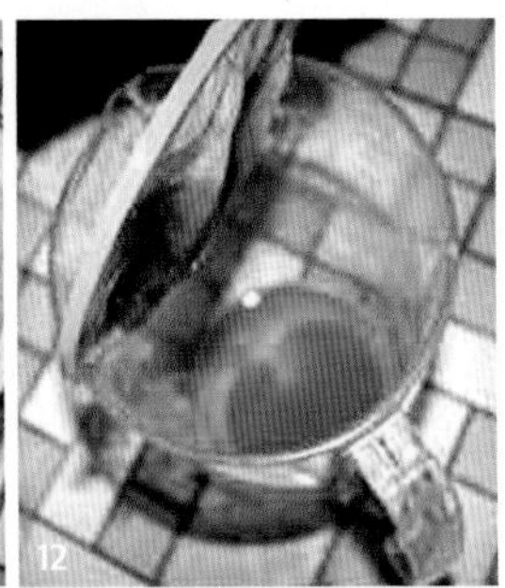

10. 브라인슈림프 거름망에 살살 부어 거른다.

11. 거른 다음 수돗물로 세척한다. 단, 수돗물로 세척하면 오래 살아 있지 못한다.

12. 세척한 브라인슈림프를 통에 옮긴다. 이때 망에 남은 브라인슈림프는 물을 조금씩 뿌려 모은다.

13. 다 거른 상태

14. 스포이트로 수조에 투입한다.

햄벅을 급여할 경우 수질 관리에 더 신경 써야 하는데, 특히 성어 수컷들은 아주 적게 주는(일주일에 한 번) 것이 좋다. 베타(Betta or Siamese fighting fish, *Betta splendens*) 브리더의 경우 소의 염통 대신 닭 가슴살로 만들기도 하는데, 구피에게도 아주 유용할 듯하다. 햄벅은 구피의 수명을 늘려주고 생먹이에 못지않은 높은 영양가를 지닌 먹이라고 할 수 있지만, 단점도 많고 제조과정이 일반 가정에서는 어려우며 눈치도 보여 국내에서는 거의 사용하지 않는 먹이라고 할 수 있겠다.

인공먹이의 종류와 특징

생먹이가 최상의 먹이라는 것은 부인할 수 없는 사실이긴 하지만, 비싼 가격과 보관의 어려움 등의 이유로 인공사료를 선택하곤 한다. 또 인공먹이는 생먹이만으로는 부족한 영양소의 공급원 역할도 한다. 그러나 가급적이면 사료는 생먹이의 보조용으로 생각하고 사용했으면 좋겠다. 시중에 수많은 제조회사에서 제조된 사료제품이 판매되고 있고, 도대체 어느 사료가 좋은 것인지 일반 사육자들은 알 방법이 없다.

시중에 유통되는 사료는 대부분 수입된 것으로, 유통기한이 그 나라 고유의 방식으로 표시된 것이 많기 때문에 구입할 때 유통기한을 반드시 확인하기를 권한다. 아래는 플레이크 타입(flake type)이나 그래뉼 타입(granule type)의 제품 중 어떤 것이 좋은지에 대한 자료를 재구성한 것이므로 구입 시 참고하기를 바란다.

『독일 테트라사의 경우 제품에 '10N29'라고 표시돼 나오는데, 이는 유통기한이 2009년 11월 10일까지라는 말이다. 가운데 영문은 월의 독일어 스펠링 앞자를 딴 것이다. 사료기준이 나라마다 다르기 때문에 유통기한 표시 또한 달라진다. 유럽 쪽은 조단백질, 조지방, 조섬유, 조회분, 수분이 기본사항이며, 우리나라는 조단백질, 조지방, 조섬유, 조회분, 칼슘, 인이 허가받을 때 분석을 필요로 하는 성분이다.

특히 우리나라는 성분분석표에 조단백질, 조지방, 칼슘은 이상으로 표시하고 조섬유, 조회분, 인은 이하 표시를 해야 한다. 문제는 같은 사료에 대해 국내에서 똑같이 성분분석을 하면 그 수치가 많이 다르다는 점이다(사료협회에서 수입할 때마다 국내 성분분석을 받으면 차이가 많이 난다). 아마 수입된 똑같은 사료 10개를 맡기면 성분분석표가 다

다를 것이다. 따라서 성분의 높낮음이 아니라 어떤 성분이 사료에 들어가 있는지가 고급제품과 저가제품을 구별하는 기준이 될 수 있다. 다음과 같은 형식의 트로피칼 구피 사료의 경우 우리나라의 성분분석표와 외국의 성분분석표의 차이를 보자.

성분 : 물고기에서 추출된 단백질 / 갑각류와 연체동물, 바닷말에서 추출한 식물성 단백질 / 스피룰리나 / 칼슘과 마그네슘이 포함된 미네랄 / 비타민 / 천연소금 / B-카로틴 / EU에서 인증된 색상강화제

- **우리나라의 성분분석표** : 조단백질 - 50% 이상 / 칼슘 - 0.6% 이상 / 조지방 - 8% 이상 / 인 - 1.1% 이하 / 조섬유 - 3% 이하 / 조회분 - 8.5% 이하
- **외국의 성분분석표** : Added vitamins per kg: vit. A 12 800 IU, vit. D3 1 240 IU, vit. E 80 mg, L- ascorbyl-2-polypHospHate(stabilised vitamin C) 230 mg. vit. B1, B2, B6, B12, biotin, Calcium -D(+)-Pantothenate, folic acid, nicotinic acid, choline chloride, inositol.

열대어의 입맛에 맞고 안 맞고는 단백질 함유량으로 좌우되는데, 단백질 함유량이 많을수록 구피가 잘 먹는다. 구피를 사육해 본 경험이 있는 사람이라면 모두 느끼다시피, 장구벌레를 먹이면 잘 먹고 잘 크는 반면, 각종 병에 시달리고 비만 등 안 좋은 현상도 발생한다. 단백질 함유량이 많으면 가공과정과 융합과정에서 비타민이 많이 파괴됨으로써 기타 다양한 미네랄 및 비타민의 효과를 볼 수 없기 때문이다.

테트라사에서 초반에 출시된 테트라 비트(Tetta Bits)는 단백질 함유량이 48%였고, 여기에 각종 비타민도 첨가돼 있다. 입자와 단백질, 이것이 테트라의 기술이었다. 기타 미국 제품, 독일 제품을 보면 단백질 함유량이 43%를 넘지 못하는 사료를 종종 볼 수 있다. 그렇다면 그 사료가 나쁜 사료일까. 절대 아니다. 다만 단백질 함유량을 높이면 비타민과 미네랄을 융합하는 것이 어렵기 때문에 그 이상 함유량을 높이기 힘들다. 테트라 비트는 초반에 입자의 기술로 전 세계 애호가들에게 선호된 제품이다. 요즘은 사료제조기술이 상당히 발전돼 양질의 다양한 성분을 포함해서 가열 시 미네랄과 비타민이 파괴되지 않도록 만든 제품이 많이 나오고 있다.

단백질 함유량 48%인 테트라 비트를 먹인 열대어는 기타 독일의 43% 사료를 잘 안 먹는다. 그 이유는 단백질 함유량의 차이 때문이고, 단백질 함유량이 50%가 넘는

중국산 사료는 잘 먹는다. 다만 저가사료는 원료 부분이나 비타민 미네랄 부분에서 차이가 크다. 사료 원료를 알아본 결과 성분, 비타민 등에 따라 차이가 10배 이상 나는 것도 본 적이 있다. 다만 재료 사용 시 포함된 성분과 추가적으로 들어가는 비타민 등 다양한 요소로 구별하는 것이 중요한 포인트다.

중국산도 구피한테 줬을 때 다른 좋은 제품보다 더 잘 먹는 것도 있다. 다만 트러블이 있고, 비타민 등 다양한 요소를 제공하지 못해 구피에게 가장 적합한 사료라 하기에는 부족한 면이 있다. 특히 동물성 성분이 들어간 제품은 상품에 경고문구가 있으므로 참고하자. 결론적으로 말하면, 우리나라에서 출시되는 사료도 질적으로 우수하다. 다만 제조과정에서 비타민과 미네랄, 단백질, 지방 등을 잘 융합시켜 파괴되지 않도록 하는 기술이 선진국에 비해 떨어질 뿐이다.

사료를 선택할 때 가장 중요하게 여겨야 할 부분은 사료에 사용된 주성분은 무엇인지 확인하는 것이며, 그 외에 비타민 및 미네랄 등 사료에 첨가된 각종 요소는 무엇인지, 또 일부 인증 받지 않은 색상강화제나 색소제가 첨가돼 있지는 않은지 확인하는 것이다. 그다음으로 성분분석표를 참조하면 된다.

현재 국내에서도 재포장 및 가공과정을 거쳐 판매되고 있는 벌크 제품 사료들을 많이 볼 수 있다. 벌크 사료가 꼭 나쁜 것은 아니지만, 밀봉 및 재포장하는 과정에서 발생하는 이물질과 기타 부스러기 등도 함께 포장될 가능성이 있기 때문에 선택 시 세심한 주의를 기울여야 한다.』

- 자료출처 : 델라코리아 황인철 님

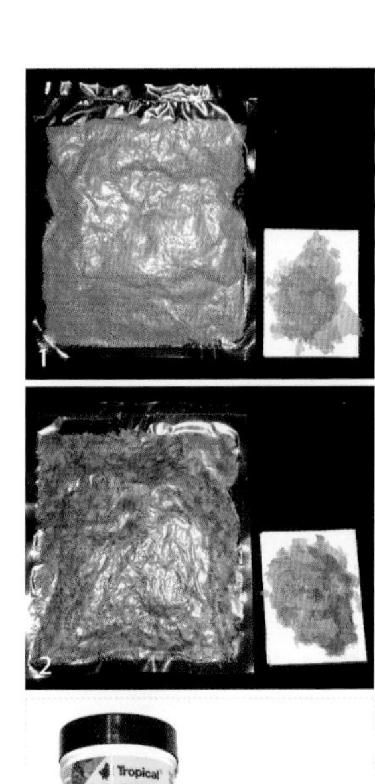

1. 땅지렁이 플레이크 사료 **2.** 일반 구피 플레이크 사료 **3, 4, 5.** 여러 가지 플레이크 사료(위부터 비타민 첨가, 크릴새우, 식물성)

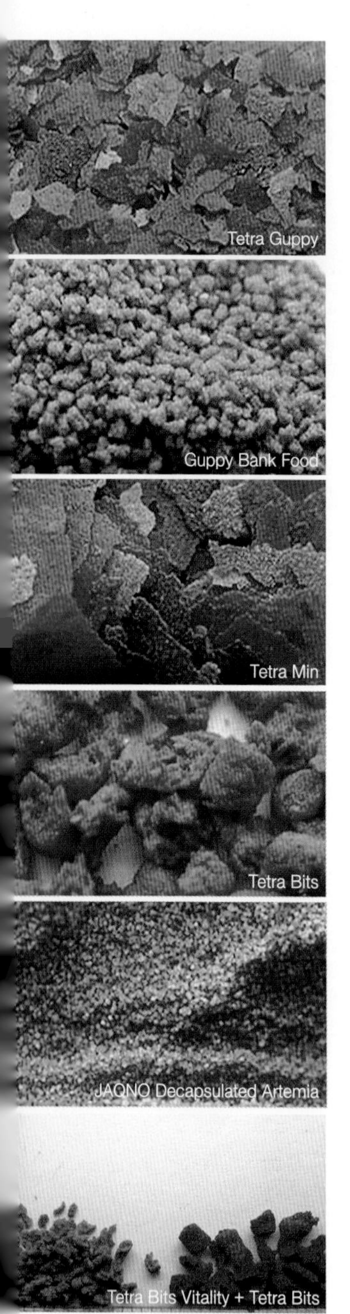
Tetra Guppy
Guppy Bank Food
Tetra Min
Tetra Bits
JAQNO Decapsulated Artemia
Tetra Bits Vitality + Tetra Bits

■**플레이크 타입**(flake type) **사료** : 플레이크 사료란 재료를 배합해 납작하게 눌러 건조해서 만든 것을 말하며, 소형 열대어의 사료에 많이 쓰인다. 대표적인 것은 우리에게 '민'이라는 이름으로 널리 알려져 있는 테트라사의 테트라 민(Tetra Min)이다. 미국 브리더 중에는 이 플레이크 사료를 주식으로 하고, 브라인 슈림프나 마이크로웜을 보조먹이로 사육하는 브리더도 있다. 앞페이지 위의 플레이크 사료는 개인이 만든 것이다.
플레이크는 감잣가루가 주성분이기 때문에 습도와 고온에 쉽게 변질되고, 잘 보관한다 해도 2~3개월이 지나고부터는 영양소를 잃게 된다. 냉동실에 밀봉상태로 보관하는 것이 좋고, 소량씩만 담아서 사용하는 것이 좋다. 과다하게 급여할 경우 물속에서 금방 부패하게 되므로 구피들이 남기지 않을 양만큼만 급여해야 수질이 오염되는 것을 방지할 수 있다.

■**그래뉼 타입**(granule type) **사료** : 입자 타입의 사료로서 배합한 재료의 입자 내에 기공을 만들어 제조한 것이다. 대표적으로 테트라사의 테트라 비트(Tetra Bits)가 잘 알려져 있다. 그래뉼 타입의 사료는 물을 흡수하는 속도가 빨라 수조 바닥에 쉽게 가라앉는 성질이 있고, 입자가 빨리 풀어지지 않기 때문에 직장 문제로 먹이급여에 어려움을 겪고 있는 사육자에게 요긴한 사료다. 비타민을 첨가한 사료도 시판되고 있다.
영양성분상 뼈의 형성에 관여하는 영양소는 칼슘, 인 그리고 비타민 D를 말하는데, 최근에는 여기에 비타민 C를 포함시키고 있다. 비타민 C가 결핍될 경우 어린 유어나 치어의 뼈가 휘어지는 척추측만 및 척추전만 현상이 빈번하게 발생하는데, 중성어나 성어 또한 선별이나 과밀사육으로 인한 스트레스가 유발됐을 때 비타민 C를 공급하는 것이 효과적이라고 한다. 시중에 다양한 형태 및 성분의 그래뉼 사료들이 판매되고 있으므로 구입 시 영양분에 유의해서 선택하면 되겠다.

■건조사료 : 브라인슈림프를 부화시킨 직후 이를 건조해 분말 형태로 만든 것으로서 보통 탈각 슈림프라고 부른다. 이 사료는 장단점이 확실한 먹이다. 브라인슈림프를 직접 부화시켜 급여할 여건이 안 되는 사육자에게는 아주 유용한 먹이로서, 처음 적응시키기가 어렵지 일단 적응만 되면 먹이붙임성이 상당히 좋다. 먹이붙임성이 어렵다는 점 외에도 먹고 남긴 것이 쉽게 부패해 수질을 오염시키고, 살아 있는 브라인슈림프를 급여해 사육하는 치어들의 경우 거의 입을 대지 않는다는 단점이 있다.

건조사료 중에 식물성 사료가 있는데, 외국의 연구 결과를 보면 식물성분의 섭취 또한 영양에 중요한 영향을 미치는 것을 알 수 있다. 플레코의 먹이로 제조된 알약 형태의 사료를 추천하는데, 출근 시간대에 던져주면 구피들이 오랜 시간 동안 뜯어먹는다.

■제조사료 : 구피 부화장 등에서는 사료를 직접 제조해 급여한다. 뱀장어 양식에 사용되는 사료를 기본으로 계란노른자, 새우 등 여러 가지 재료를 첨가해 배합·분쇄·건조과정을 거쳐 만든 훌륭한 사료다. 필자도 지금까지 이 사료를 애용하고 있다. 구피의 경우 먹이붙임이 아주 좋고, 실제 부화장 구피들의 크기가 생먹이를 급여한 구피 못지않게 뛰어난 것을 눈으로 확인했다.

그동안 실제 사육자들이 사용하고 난 후 제기한 의견들을 취합해 불편했던 점을 꾸준히 개선해 왔고, 수중에서 적당하게 풀리는 것과 치료약을 배합한 것까지 여러 용도의 사료를 개발하고 있다. 외국 브리더들이 자체 제작한 사료를 급여하는 것처럼 국내에서도 자체 제조한 사료가 계속 개발되기를 기대해 본다.

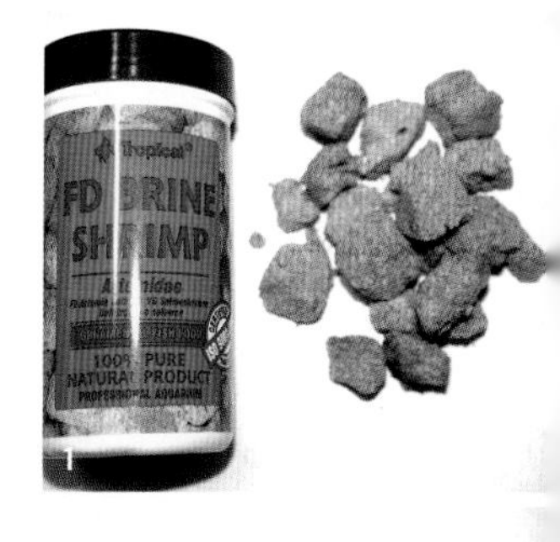

1, 2, 3. 여러 가지 형태의 분말 사료 **4.** 플레코 사료를 구피 먹이로 적용한 경우

02
section

직장인의 먹이급여

우리나라 구피 사육자의 경우 대부분 생업이 따로 있기 때문에 먹이를 하루 동안 적절하게 횟수를 나눠 급여하는 것이 용이하지 않다. 아래 소개한 내용은 미국의 한 브리더가 이러한 문제를 고심하면서 실행하고 있는 방법이다. 상당히 공감 가는 내용이라 읽고 사육에 참고하기를 바라며 옮겨본다. 내용상 햄벅을 주지 않는 우리의 방식은 차치하더라도, 다른 먹이급여방법은 꽤 훌륭하다고 생각된다.

『일주일에 50시간 이상 일하는 나로서는 먹이급여가 구피 사육에 있어 가장 어려운 문제다. 즉 자주 먹이를 급여할 만큼 집에 없다는 것인데, 이는 직장생활을 하는 많은 브리더가 겪는 문제일 것이다. 대부분의 구피 사육 문헌에 따르면, 적당한 먹이 급여는 하루에 4번, 5번 혹은 6번 정도다. 보통 브리더의 표준은 하루 3~4회로 생각되지만, 적은 양을 여러 번 급여하는 것이 많은 양을 한두 번 급여하는 것보다 효과적이라는 점이 일반적으로 인정된 사실이다. 대부분의 브리더가 이러한 어려움을 겪고 있을 것이고, 또한 이를 해결하기 위한 각자의 방법을 가지고 있을 것이다.

사료 급여하는 모습

세 가지 먹이급여방법

나 역시 구피에게 먹이를 급여하는 일과 다른 일들(집안일 등)을 조화시키기 위한 몇 가지 전략을 갖고 있다. 이 중 한 가지 이상은 여러분들 또한 사용할 수 있는 방법이며, 구피를 좀 더 건강하고 보기 좋게 기르는 데 도움이 될 것이다.

■**첫 번째 급여방법 :** 남들과는 다르게 내가 사용하고 있는 방법 중 첫 번째는 브리더 스탠 슈벨(Stan Shubel; 미국의 유명한 구피 브리더)의 아이디어다. 먼저 건조사료 혹은 플레이크 사료를 모든 어항에 돌아가며 적당량을 급여하고, 그다음 처음부터 다시 어항을 돌며 계속해서 먹이를 달라고 달려드는 구피에게만 아주 조금씩 재급여한다. 하루 세 번 정도 이러한 방법으로 플레이크 사료를 급여하지만, 예외가 하나 있다. 다 자란 수컷 또는 약 5개월 이상 된 수컷들에게는 플레이크 사료를 하루 1회 정도만 급여한다.

■**두 번째 급여방법 :** 두 번째 방법은 플레이크 사료를 급여하고 난 후에는 꼭 브라인슈림프를 충분히 급여하는 것이다. 단, 약 5개월 이상 된 수컷은 급여 시 제외한다. 왜냐하면 이미 체형성장을 마친 후이므로 이처럼 과다한 먹이급여는 불필요하기 때문이다. 만약 브라인슈림프를 5개월 이상 된 수컷 구피들에게 급여한다면, 과다한 박테리아 수로 말미암아 지느러미썩음병(fin rot) 등 박테리아성 질병 증상이 발생할 것이다.

■**세 번째 급여방법 :** 세 번째 방법은 일주일에 한 번 소 염통(일명 햄벅)을 급여하는 것이다. 다 자란 수컷을 제외한 모든 구피에게 급여하는데, 때로는 다 자란 수컷 성어에게도 아주 조금씩 제공해 주기는 한다. 내가 급여하는 햄벅은 아무것도 섞지 않고 소 염통과 약간의 젤라틴만 배합해서 만든 것이다. 젤라틴은 소 염통에 섞는 혼합비타민을 유지하는 데 도움이 된다(혼합비타민을 구피가 섭취하는지 확신할 수는 없지만, 젤라틴이 혼합비타민을 유지하는 데 도움이 되는 것은 사실이다). 주 1회 실시하는 햄벅 급여는 매

주 토요일 두 번째 먹이급여 시간에 이뤄지는데(대략 오후 6시 정도), 이는 햄벅을 급여할 때 종종 발생하는 수질오염을 최소화하는 데 도움이 되기 때문이다. 이런 식으로 햄벅을 급여하는 이유는 다음과 같다. 첫째, 나는 일요일 아침마다 물갈이를 실시하는데, 이러한 물갈이로 햄벅을 급여했을 때 오염된 수질을 원상태로 회복할 수 있다. 둘째, 토요일 오후 6시는, 햄벅을 냉장고에서 꺼내 녹인 후 구피가 먹을 만한 크기로 잘게 자르고 분쇄하기에 충분한 시간을 확보할 수 있는 유일한 시간대다. 즉 햄벅 급여를 위해서는 급여 직후 정기적인 물갈이가 이뤄지도록 해야 하며, 또한 보통의 먹이급여 시간보다는 충분한 시간이 확보돼야 한다. 토요일에 햄벅을 급여한 후에만 유일하게 브라인슈림프 급여가 따르지 않는다.

먹이급여와 조명 스케줄

많은 브리더가 하루 한 번의 브라인슈림프 급여로(치어 제외) 나보다 더 크고 훌륭한 구피를 길러내는 것을 봤다. 그러나 하루 세 번 정도밖에 먹이를 급여할 수 없는 나로서는 급여할 때마다 브라인슈림프를 줘야만 좋은 결과를 얻을 수 있다. 하루 세 번의 먹이급여 중 첫 번째 급여는 출근하기 직전인 오전 6시 정도에 이뤄지고, 두 번째 급여는 퇴근한 직후인 오후 6시 정도에 이뤄지며, 세 번째 급여는 잠자기 직전인 오후 9시 정도에 이뤄진다. 이러한 먹이급여 스케줄에는 조명 스케줄이 큰 역할을 담당한다. 다음은 매 먹이급여와 조명 스케줄의 관계를 서술한 것이다.

■ **첫 번째 먹이급여**(오전 6시)**와 조명** : 구피 방 중앙에 설치된 두 개의 등(120cm짜리)이 오전 5시 30분(먹이급여 30분 전)에 타이머에 의해 점등된다. 이렇게 함으로써 구피들은 수면에서 깨어나고 먹이를 먹을 준비를 하며, 나는 오전 6시에 구피 방에 들어가자마자 먹이를 급여하고 출근할 수 있다. 조명은 오전 10시 정도에 소등돼 비교적 적은 활동으로 첫 번째 급여된 먹이를 소화시키며, 두 번째 먹이급여 시간인 오후 5시 내지 6시까지 기다릴 수 있다. 중요한 것은 소등시간 중에도 브라인슈림프 부화기에는 지속적인 열과 빛의 공급을 위해 40W 정도의 백열등 조명을 비추고 있다는 점이다. 이 백열등은 구피 방 한구석에서 브라인슈림프 부화기에 직접 비치도록 설치돼

있기 때문에 구피 방에는 최소한의 야간 조명 효과를 거둘 수 있다. 스탠 슈벨 역시 사용하는 방법으로, 브라인슈림프 부화효과 외에 메인 조명이 켜진 야간에도 은은한 조명을 줄 경우 구피들이 바닥에 가라앉아 자지 않으므로 꼬리썩음병(tail rot)을 방지할 수 있다고 한다. 이렇게 함으로써 구피들이 완전한 어둠에 있는 것을 방지할 수 있다. 이러한 점이 과연 얼마나 중요한지는 알 수 없지만, 어쨌든 해로워 보이지는 않으며 나에겐 좋은 방법 같다. 백열등은 전기를 많이 소모하므로 5W 정도의 작은 형광등을 사용하면 비슷한 효과를 얻을 수 있다(단, 열 공급 효과는 미미하다).
몇몇 브리더들(Stan Shubel 및 Paul Gorski 포함)은 이러한 야간 조명을 제공해 줌으로써 구피 성어 수컷들이 바닥에서 자는 것을 방지해 결국 꼬리썩음병이나 기타 지느러미가 썩는 현상을 막을 수 있다고 주장한다. 이러한 주장에 확신을 갖지는 못하지만, 내 경우에는 이 방법이 브라인슈림프 부화에 많은 도움이 되고 있다.

■ 두 번째 먹이급여(오후 5시 30분에서 6시)**와 조명 :** 구피 방 중앙의 메인 조명은 약 오후 4시에 다시 점등되며, 점등과 동시에 구피들은 활동을 시작한다. 그리고 내가 퇴근해 집에 도착하는 시간인 오후 5시 30분에서 6시쯤에는 구피들이 허기를 느낄 것이므로 이때 두 번째 먹이급여를 실시한다(미국은 대개 9시 출근, 5시 퇴근에 정해진 점심시간이 없다). 두 번째 먹이급여는 아주 어린 치어들과 5개월 이상 된 수컷을 제외하고는 적정량의 플레이크 사료로 시작한다. 치어들은 일주일이 지나기까지 플레이크 사료를 급여하지 않으며, 성어 수컷들은 아주 적은 양의 플레이크 사료만 급여한다.
마찬가지로 어항을 돌면서 먼저 준 사료를 다 해치우고 여전히 먹이를 달라고 아우성치는 구피들 어항에 플레이크 사료를 조금 더 급여한다. 그다음 성어 수컷을 제외한 모든 어항에 브라인슈림프를 급여하는 것으로 두 번째 먹이급여를 마친다. 두 번째 먹이급여를 위해 구피 방에 들어오면서 여분의 형광등을 점등해 조명도를 두 배로 밝게 한다. 이 여분의 형광등은 세 번째 먹이급여가 종료되는 밤 9시까지 켜놓는다.

■ 세 번째 먹이급여(밤 9시)**와 조명 :** 모든 구피에게 적당량의 플레이크 사료를 급여한다. 단, 5개월 이상 된 성어 수컷에게만 아주 적은 양의 플레이크 사료를 급여한다. 다

시 강조하지만, 성어 수컷들은 많은 양의 먹이를 필요로 하지 않으며, 적은 양의 먹이급여는 구피 어항, 특히 성어 수컷 어항에서 최우선으로 고려돼야 하는 수질을 깨끗하게 유지시킨다. 다시 먹이를 달라고 조르는 구피들에게 플레이크 사료를 한 번 더 급여한 후, 성어 수컷을 제외한 모든 구피에게 브라인슈림프를 급여하고 세 번째 먹이급여를 종료한다. 여분의 형광등을 소등하고 방을 나오면 밤 11시경, 야간 조명을 제외한 구피방 중앙의 메인 조명이 타이머에 의해 소등된다.

사료 급여하는 모습

최대한의 먹이섭취를 위한 원칙

이상 서술한 것처럼, 나는 새롭거나 복잡한 급여방법을 사용하지는 않는다. 다만 세 번의 먹이급여 시 구피가 최대한의 먹이를 먹도록 하기 위한 원칙을 가지고 있다. 첫째, 매번 플레이크 사료를 급여하고, 구피들이 배가 찼을 경우에 브라인슈림프를 급여한다. 구피들은 언제나, 심지어는 배가 부를 때도 브라인슈림프를 즐긴다. 또한, 소화시간이 상대적으로 긴 플레이크 사료는 브라인슈림프의 소화시간을 연장시켜 구피가 브라인슈림프의 영양분을 보다 완전하게 흡수할 수 있도록 만든다. 이 원리는 어느 문헌에선가 읽은 것이고, 진실인지는 잘 모른다. 하지만 나름 논리적으로 보이며, 브라인슈림프만 단독 급여할 때는 소화가 매우 빨리 되는 것을 느낀다. 그러므로 플레이크 사료를 브라인슈림프에 항상 선행시키는 먹이급여방법으로써 브라인슈림프만을 대량 급여할 시에 발생하는 문제를 방지할 수 있다.

둘째, 조명을 사용해서 낮 시간 동안에 구피가 잠을 잘 수 있도록 한다. 이렇게 함으로써 구피들로 하여금 내가 출근해 있는 동안 칼로리를 소모하지 않게 하고, 체지방을 보존할 수 있도록 한다. 또한, 낮 시간의 대부분을 최소한의 조명만을 켜둠으로써 이끼 문제를 확실히 예방한다. 만약 내가 직장에 다니고 있지 않다면, 지금보다 적은 양의 먹이를 보다 자주 급여할 수 있을 것이다. 하지만 현재로서는 이는 불가능한 일이므로 지금까지 서술한 방법이 최선의 방법이 아닐까 생각한다.』

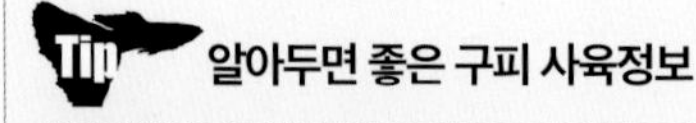

알아두면 좋은 구피 사육정보

냉동 베이비 브라인슈림프의 치어 급여

시중에서 판매되고 있는 냉동 브라인슈림프는 정상적인 부화방법이 아니라 약품을 이용해 인위적으로 껍질을 제거한 뒤 급속 냉동한 제품이다. 움직임이 없을 뿐 영양분은 비슷하기 때문에 치어에게 좋은 먹이가 된다.

개봉한 브라인슈림프의 보관

개봉한 브라인슈림프는 촛농으로 밀봉한 상태라면 냉동 보관이 괜찮지만, 냉동실은 습도가 높기 때문에 개봉 안 된 상태에서는 상온에 보관하는 것이 더 좋다.

실지렁이의 소독방법

메틸렌블루를 희석시킨 물로 소독하거나, 우유와 설탕을 이용해 지렁이 내부의 이물질을 배출하게 해서 급여하는 방법이 있다.

유통기한이 지난 사료의 급여

급여할 수는 있지만, 변질의 위험이 있으므로 되도록 유통기한 내의 사료를 급여하는 것이 좋다.

사료와 생먹이 급여의 차이

사료만 먹여서 기르는 경우 여러 가지 성분의 사료를 골고루 먹인다면 차이가 많이 나지는 않지만, 성장이 일단 더디고 성어가 되는 기간이 길어지며 출산하는 치어의 수도 적어진다.

냉동 장구벌레가 구피에게 나쁘다?

나쁘다기보다는 치어용으로는 적합하지 않은 먹이고, 장구벌레 체내에 불순물이 있을 염려 때문에 기피하는 것이지 장구벌레가 나쁜 먹이라는 것은 아니다. 냉동 장구벌레 급여 시에도 실지렁이와 마찬가지로 수질 관리에 더욱 주의를 기울여야 한다.

마이크로웜에 묻어 있는 배양액

대량으로 투여되는 것이 아니라서 그냥 그 상태로 급여해도 무방하다. 특별히 구피에게 해가 되는 성분이 없기 때문이다.

적절한 하루 먹이급여량

성어는 약 2시간, 치어는 약 20분 정도면 소화를 시키기 때문에 성어는 2시간 이상 간격으로, 치어는 1시간 간격으로 소량씩 여러 차례 급여하는 것이 좋다. 보통 직장생활을 하다 보면 하루에 4~6차례 급여하는 것이 일반적이다.

햄벅의 장단점

장점으로는 냉동실에 넣어두고 필요한 만큼씩 잘라주면 되는 간편함과 생먹이 못지않은 영양분을 들 수 있고, 단점으로는 양 조절이 어렵다는 것을 들 수 있다. 햄벅은 먹고 남기면 쉽게 부패하기 때문에 수질오염의 원인이 된다. 염통에서 나오는 기름기를 걱정하기도 하는데, 잘 손질해 제조된 햄벅은 기름기가 심하지 않다.

먹이를 먹지 않을 경우의 대처방법

구피는 엄청난 대식가이기 때문에 먹이를 안 먹는다면 질병에 걸려 있거나 수질이 상당히 나빠진 경우일 것이다. 이런 경우 오히려 한 일주일가량 먹이급여를 중단하고 환수로 물의 안정을 먼저 취하는 것이 좋다. 먹지 않고 남긴 먹이가 오히려 독이 될 수 있기 때문이다.

브라인슈림프의 제품별 차이

브라인슈림프는 채집되는 지역에 따라서 부화율 및 종류도 다르다. 과거에는 미국 유타지방에서 생산되는 미국산 브라인슈림프 캔을 최고로 인정했으며, 캔 외부에 부화율이 표시돼 있기도 하다. 다만 캔 표면에 적혀 있는 조건을 충족시켜 줄 때라야 표시된 부화율과 비슷하게 부화된다. 그러나 같은 유타지역 제품이라도 캔 종류에 따라 부화율이 차이가 나서 사용자들의 입소문에 의해 추천된 제품을 사용하곤 한다.

브라인슈림프는 서식환경에 따라서 형태적 변이가 매우 심하기 때문에 형태적으로만 보면 수많은 종류로 분류됐지만, 지금은 1속 1종 5변종으로 구분되고 있는 만큼 제품마다 형태, 색상, 크기 등에 차이가 있다.

Chapter 05

구피의 질병

구피가 잘 걸리는 특정 질병의 종류에 관해 알아보고, 각 질병의 주요 원인과 대표적으로 나타나는 증상, 효과적인 치료법에 대해 살펴본다.

01
section

흔히 걸리는 질병 및 대책

구피를 처음 사육하게 되면서부터 점차 익숙한 단계로 발전하더라도, 일단 구피에게 질병이 발생하게 되면 대부분 애지중지 기른 개체들을 한순간에 잃어버리곤 한다. 초보사육자에게 있어서 쉽게 발생하는 질병인 백점병(白點病, white spot disease or ichthyophthiriasis, Ich)이나 바늘꼬리병(needletail disease) 등에서부터, 개량단계에 들어선 전문사육자라 하더라도 한번 걸렸다 하면 속수무책인 콜룸나리스병(*Columnaris* disease)까지, 구피에게 발생할 수 있는 질병의 종류는 다양하다. 이러한 질병은 사육하던 구피를 잃게 되는 결과를 초래함으로써 사육 의지마저 상실하게 하고, 결국 사육 자체를 포기하게 만드는 대표적인 요인이 된다. 따라서 질병에 걸리지 않도록 잘 예방하면서 사육하는 사람이 '구피를 잘 기르는 사육자'라 할 수 있겠다.
크기가 큰 다른 어종과 달리 구피는 작은 체형의 물고기라 약물에 의한 충격에도 매우 약할 뿐만 아니라, 수컷의 경우 지느러미에 손상을 입게 되면 회복시키는 것이 쉽지 않기 때문에 더더욱 질병에 취약한 어종이라고 할 수 있다. 구피는 매달 치어를 낳기 때문에 개체 수가 금방 불어나는 특성이 있다. 따라서 과밀사육이 되기 쉽

고, 전염성 질병에 걸리기 쉽기 때문에 수조의 크기에 맞는 적절한 개체 수를 사육하는 것이 필요하다. 경험이 적은 사육자라면 되도록 과밀사육은 피하는 것이 좋다. 대부분의 질병이 수질오염에 따른 것이므로 충분히 예방할 수 있고, 전염성 질병을 초래할 수 있는 외부요인에 대한 조치만 잘 이행하면 질병에 대해서는 크게 걱정할 필요 없이 사육할 수 있을 것이다. 많은 관련 자료에도 설명돼 있듯이, 질병에 안 걸리게 만드는 것이 최선의 방법임을 다시 한번 당부하며, 구피에게 잘 걸리는 질병의 종류와 증상 및 처치법에 대해 간략하게 알아보기로 한다.

백점병(white spot disease or ichthyophthiriasis, Ich)

백점병(白點病)은 구피뿐만 아니라 모든 열대어를 사육하면서 가장 흔히 볼 수 있는 질병의 하나다. 백점병의 발병원이 되는 백점충(*Ichthyophthirius multifiliis*)은 원생동물 섬모충류 기생충으로 피부나 아가미 등에 기생하며 양분을 흡수한다. 체액을 흡수하면서 성충으로 자라면 떨어져 나와 분열을 하고, 수조 속을 떠다니다 새로운 숙주에 붙어 기생한다. 보통 급격한 온도의 편차가 생길 때 주로 발생한다.

백점병은 초기에 발견하면 쉽게 치료할 수 있기 때문에 대수롭지 않게 생각하는 질병이지만, 어느 정도 병이 진행된 후에는 다른 질병과 마찬가지로 폐사율이 상당히 높다. 백점충이 물고기의 피부와 지느러미에 기생하기 때문에 치료를 하지 않고 방치할 경우 체표에 큰 구멍이 생기고, 여기에 2차 감염이 발생해 결국 폐사하게 된다. 백점병에 걸린 물고기는 쉽게 구별할 수 있는데, 표피나 지느러미에 하얀색의 아주 작은 점들이 붙어 있는 것이 육안으로 관찰된다. 심할 경우는 몸 전체가 소금을 뒤집어쓴 것처럼 하얗게 보이기도 한다.

백점병에 걸린 물고기

백점병을 치료하는 방법으로 온도를 올려주라고 대부분 주문하는데, 이는 온도가 올라가면서 백점충이 활동을 멈춘다는 것이 아니라 백점충의 성장을 촉진해 빨리 떨어져 나가게 하기 위함이다. 즉 약물에 의해 직접적으로 치료되는 것이 아니라 백점충이 몸에서 떨어져 나와 있는 분열시기에 약물로 효과를 보게 되는 것이다. 백점병은 적정온도가 유지될 경우 구피에게는 빠르게 진행되지 않으며, 시중에 나와 있는 치료제들도 효과가 좋아 초기에는 별다른 문제 없이 치료가 가능하다. 그러나 테트라(Tetra, Characiformes) 종류에 있어서는 상당히 진행이 빠르고 치명적인 병이라고 할 수 있다. 급격한 수온의 변화 또는 외부로부터 발병된 개체를 도입하는 일만 없다면, 사육이 어느 정도 익숙해진 사육자의 구피에게서는 찾아볼 수 없는 질병이다.

벨벳병(velvet disease, *Oodinium* disease)

오디니움병(*Oodinium* disease)이라고도 하는 벨벳병은 주로 베타에게 발병하며, 구피 질병으로는 그다지 알려지지 않았던 질병이다. 원인충은 원생동물인 편모충류 오디니움 오켈라툼(*Oodinium ocellatum*)으로서 물고기의 표피 아래나 아가미에 기생하며, 수온이 높고 환수를 자주 하지 않는 수조에서 종종 발생한다. 최근에 구피뿐만 아니라 아피스토그람마(*Apistogramma spp.*), 안시(Bristlenose catfish, *Ancistrus spp.*) 등에서 많이 발병되고 있으나 기타 어종에서는 발병하지 않는 것으로 알려져 있다.

오디니움은 백점충과 상당히 흡사하지만, 백점충이 흰색이고 크기가 큰 반면 오디니움은 크기가 작고 약간 노르스름한 색깔을 띤다. 초기 단계에는 물고기의 머리나 지느러미 등에 조금씩 보이며, 몸통에도 서서히 나타나기 시작한다. 오디니움은 수질이 나쁜 곳에서 더욱 왕성하게 활동한다. 많은 양의 먹이가 수조 바닥에 남아 부패되면, 박테리아는 독성을 분비하고 산소를 소비하며 불필요한 산을 배출한다. 산이 축적돼 pH가 떨어짐으로써 수질이 급격하게 악화되며, 물고기는 스트레스가 증가하고 산소농도가 감소하면서 호흡곤란으로 결국 죽음에 이르고 만다. 약한 치어의 경우 오디니움의 희생물이 될 확률이 더욱 높다고 하겠다.

염색식물(炎色植物; 적조의 원인이 되는 플랑크톤성의 조류로 운동성이 있어 동물로 분류됨)은 어디에나 존재하며, 산소 방울에 의해서 퍼져나간다. 거의 모든 수조에 존재하며, 물고기나 수초 및 물을 통해 이동된다.

벨벳병에 걸린 베타

하프 블랙 파스텔(Half black pastel)

성어의 경우 오디니움병의 증세는 전체 보디와 눈 등에 나타나는데, 지저분하면서 반짝이는 금분으로 층을 이루고 있는 것처럼 보이게 된다. 오디니움은 상피(上皮, epithelium)에 침투해 물고기의 체액을 빨아먹으며 영양분을 섭취한다. 건강한 성어의 경우는 몇 주간의 중증에도 불구하고 병을 견뎌내는 사례도 있다. 오디니움은 황산동(copper sulfate)이나 포르말린(Formalin)으로 치유할 수 있다. 그러나 치유 중인 성어의 경우 종종 표피에서 기생충이 떨어져 나간 후 남겨진 구멍으로 빠르게 바이러스가 침투하기도 한다. 결과적으로 물고기는 패혈증(敗血症, septicemia)으로 인해 죽음에 이르게 되는데, 병은 치유되지만 환어는 사망하게 되는 것이다.

벨벳병은 수조 내에 높은 농도(물 1갤런-3.8L-에 차 스푼으로 1스푼의 소금)의 소금을 투여하는 방법으로 예방할 수 있다. 소금은 깨끗한 수질을 유지해 주고(치어 수조의 바닥에 있는 퇴적물이나 배설물 등을 자주 빨아낸다), 아가미의 운동을 보조한다. 또한, 삼투압의 균형을 잡아주고 박테리아의 생성을 늦추며, 오디니움의 성장을 억제하는 역할을 한다. 치어 전체가 벨벳병에 감염될 경우 한배의 치어들 전부를 잃게 되거나, 만약 소수가 살아남는다 해도 제대로 성장하지 못하는 약체가 된다. 벨벳병으로부터 살아남은 치어들은 기형어가 되거나 발육장애로 인해 왜소한 개체가 된다.

병에 걸린 성어의 경우는 격리수조에 매일 황산동약(사용설명서를 참고해 투여)과 소금(물 1갤런에 차 스푼으로 2스푼의 소금)을 투여하며, 물갈이와 수조 청소를 병행한다. 시중에 나와 있는 JBL회사 제품의 오디놀(Oodinol)이 타 제품에 비해서 효과가 월등하게 높다. 하지만 약 자체가 매우 독하기 때문에 제시된 용량보다 약간 적게 사용하는 것이 좋다. 앞서도 언급했듯이, 발병한 경우 잦은 물갈이와 약물 처리를 실시하고 소금을 투여하며, 현재 수온보다 2~3℃를 올려주는 것이 빠른 시간에 가장 확실하게 치료할 수 있는 방법이다. 벨벳병은 약 2~3주 동안 꾸준히 치료해야 한다.

바늘꼬리병(needletail disease)

바늘꼬리병은 치어 시기에 가장 많이 걸리는 질병으로, 정확한 병원체는 알 수 없으나 이 역시 아이로모나스(*Aeromonas;* 소위 에로모나스라 불리는)의 변종일 것으로 추측된다(바늘꼬리병에 걸린 개체의 꼬리지느러미에서 기생충이 발견되지 않고 아이로모나스가 높은 확률로 발견되기 때문). 병의 원인이 정확히 규명되지는 않았지만, 과밀사육하는 어항에 지나치게 많은 양의 먹이를 급여해 수질을 악화시킴으로써 발병하는 것으로 사육자들의 의견이 모아지고 있다. 증세는 꼬리지느러미가 붙기 시작해 바늘같이 뾰족해진다. 이에 따라 몸 전체를 흔들며 헤엄치게 된다.

초기 증상 때는 치료가 비교적 간단한데, 소금을 물 10L당 40~50g씩 넣어주고, 물갈이를 자주 해 수질을 좋게 유지하면 대부분 완치된다. 부화통에서 치어를 사육하는 경우 바늘꼬리병이 쉽게 발생하는 것을 볼 수 있는데, 레드 렘즈혼(Red ramshorn snail)을 부화통에 같이 넣으면 발생률이 훨씬 낮아진다.

1. 바늘꼬리병에 걸린 치어 **2.** 마우스 펑거스와 같은 곰팡이성 질병에 걸린 구피

마우스 펑거스(mouth fungus)

마우스 펑거스(mouth fungus or mouth rot - *Chondrococcus columnaris*)는 수질악화가 주요 원인으로 파악되는 질병이다. 입 주위에 흰색의 곰팡이가 끼고, 심해지면

호흡곤란으로 폐사한다. 전염성이 상당히 높아 단시간 내에 어항 속의 모든 구피가 감염된다. 마우스 펑거스에 대한 정확한 치료제는 없다. 어항 물 10L당 40~50g 정도의 소금을 충분히 풀고 옥시테트라사이클린(oxytetracycline) 등의 항생제를 사용하는 방법이 있으나, 큰 효과를 기대하기는 어렵다. 초기 증상을 보이는 물고기는 빨리 격리 수용시키고, 나머지 물고기도 약욕 후 다른 수조로 옮겨야 하며, 병이 발생했던 어항은 끓는 물로 열탕 소독해야 한다. 수질악화가 원인인 만큼, 예방을 위해서는 물갈이를 자주 해주고 수질 유지에 각별히 주의를 기울여야 한다.

솔방울병(pine cone disease)

아이로모나스병(*Aeromonas* infection)이라고도 불리는 솔방울병은 추위가 풀리는 봄철에 각종 담수어류에서 발생하는 세균성 질병이다. 그람음성균인 아이로모나스 히드로필라(*Aeromonas hydrophila*)라는 병원균에 의해 유발되는 세균성 패혈증(bacterial septicemia)으로서, 혈관에 염증이 생겨서 발병하는 것으로 알려져 있다. 물고기의 비늘이 전부 일어나 솔방울 모양과 같은 형태가 된다고 해서 솔방울병이라는 명칭이 붙었다. 그 외에도 체표나 지느러미의 출혈, 복부팽만 및 안구돌출 등의 증상이 흔히 관찰된다.

솔방울병에 걸린 구피

솔방울병에 대한 특별한 치료제는 없으며, 전염성이 없기 때문에 발병해도 다른 물고기에게는 해를 미치지 않는다. 수질이 악화됐을 때 많이 발병하는 질병이므로 수질 상태를 양호하게 관리하는 것이 최선의 예방법이라고 할 수 있다.

팝 아이(pop eye)

팝 아이의 경우 명확하게 알려진 발병 원인은 없다. 바이러스성 질병이 아니기 때문에 전염성은 없지만, 보통 과밀사육 시 수질악화로 발병되는 것 같다. 물고기의 눈이 튀어나오는 증상을 일컫는 질병으로 한쪽 또는 양쪽 모두 튀어나오기도 한다. 원인이 명확하게 알려진 바 없기 때문에 치료방법도 사실상 전무하다. 팝 아이에 걸렸다고 해서 물고기가 금방 죽는 것은 아니지만, 오랜 시간에 걸쳐 병이 진행되다가 결국 죽음에 이르게 된다. 구피의 경우는 아니지만, 예전에 필자가 코리도라스를 사육할 때 팝 아이에 걸린 개체를 완치시켰던 경험이 있다. 그때 당시 팝 아이에 걸린 코리도라스를 아몬드잎으로 우려낸 물속에 약 2주간 격리사육을 했다.

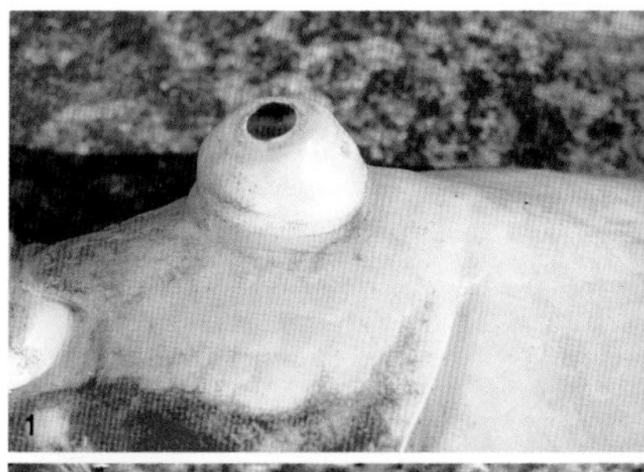

1. 팝 아이에 걸린 물고기 2. 복수병에 걸린 구피

복수병(腹水病, ascites disease)

복수병은 물고기의 복부가 팽창돼 수면에 둥둥 뜨는 증상이 나타나는 질병이다. 신장의 이상 때문이라고 알려져 있지만, 정확한 원인은 알 수 없다. 물이 구피의 복부에 고여 발생하는 병으로, 세뇨관의 기능이 상실되면서 소변을 배설하지 못하고 체내에 고이게 된다. 신장의 이상으로 장해가 발생하면 아가미가 그 기능을 대행하는데, 복수병은 신장의 급성 병변에 의해 생긴다고 볼 수 있다.

복부 내에 물과 같은 액체가 가득 고여 복부가 균일하게 팽창되는 증상이 나타나는데, 암컷의 경우는 이 모습이 마치 임신한 듯 보이기도 한다. 상당 시간 죽지는 않지만, 균형을 잡지 못하고 살아가다 결국 죽음에 이르게 된다. 간혹 팝 아이(pop eye) 등이 동반되기도 한다. 특히 대만에서 수입한 구피들에게서 자주 발생하는 것을 확인할 수 있으며, 발병 초기에 치료하지 않으면 사실상 완치가 거의 불가능하다.

복수병을 치료하기 위해서는 메트로니다졸을 이용한다. 우선 치료 전에 30% 정도 환수를 하고 에어량을 늘려준 다음, 메트로니다졸을 이용해 치료를 진행한다. 치료하고 난 후 다시 50% 물갈이를 한다. 메트로니다졸이 탈질산화 박테리아에 영향을 끼치는 것은 아니지만, 생물학적 여과시스템은 중단하는 것이 좋다. 약물 사용과 병행해 황산마그네슘을 투여하면 복수병에 걸린 물고기의 수분 배출에 도움이 된

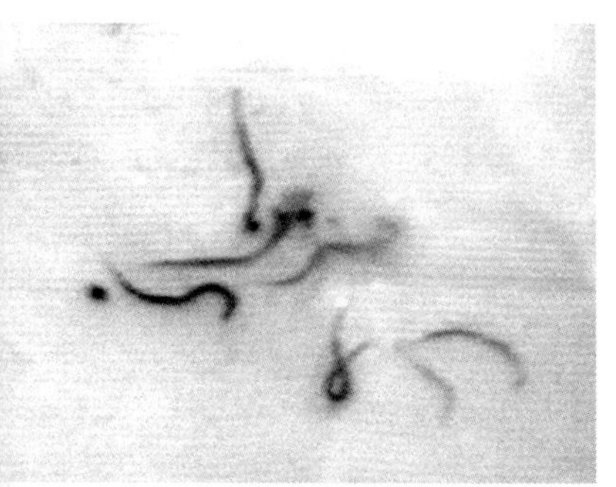
배설물과 함께 나온 카말라누스

다. 약 40L의 물에 메트로니다졸 100mg을 투여하고 2일 간격으로 같은 용량을 투여하며, 이와 같은 방법으로 1주일 정도 진행하면 치료된다. 메트로니다졸은 27℃ 이상의 높은 온도에서 잘 작용한다.

카말라누스(*Camallanus*)

카말라누스류(*Camallanus spp.*)는 어류의 장에 기생하는 선충류의 일종으로 알이 아닌 새끼(유충)를 낳는 태생(viviparous)종이다. 카말라누스의 여러 종류 중 난태생어에 나타나는 아시아산 카말라누스 코티(*Camallanus cotti*)의 경우 무서운 속도로 전염되며, 생먹이를 급여할 때 발생률이 높다. 물고기가 천천히 앞으로 움직일 때 상대적으로 충이 뒤로 밀려 항문에서부터 짙은 붉은색의 충이 육안으로 관찰된다. 항문이 충혈돼 있고 부풀어 있으며, 중증일 경우에는 물고기가 마르게 되고 척추가 뒤틀릴 수도 있다.

장에 기생하는 선충류의 경우 약욕법은 거의 치료효과가 없다. 특히 포르말린 약욕은 오히려 약해만을 가져올 뿐 카말라누스를 치료하는 데는 전혀 도움이 되지 않는다. 물론 플루벤다졸(Flubendazole) 약욕 시 아가미나 체표를 통해서 어느 정도 약이 흡수되기는 하지만, 장에서 이러한 기생충을 죽일 정도의 농도로는 도달하지 못한다. 최근에는 레바미솔(Levamisole; 제품명 에르가미솔-Ergamisol-로 판매되는 기생충감염 치료제)을 이용해서 5L 물에 2/5스푼을 사용, 약욕 처리해 주면 치유 가능하다.

콜룸나리스병(*Columnaris* disease)

콜룸나리스병(*Columnaris* disease; cottonmouth, 아가미부식병)은 난태생 송사릿과에 치명적이며, 구피를 사육하면서 가장 조심해야 할 병이다. 질병의 원인이 세균성이라 전염성이 매우 높고, 일단 증세가 진행된 후에는 완치가 거의 불가능하다. 지느러미를 활짝 펴지 못하고 머리를 흔들면서 유영을 하거나, 수면이나 여과기의 출수구처럼 산소농도가 높은 곳에 집단으로 모이곤 한다. 이는 아가미나 비장 등이 심하게 부어 산소를 충분히 공급받지 못하기 때문에 나타나는 증상이다. 심해지면 지느러미가 서서히 녹기 시작한다. 증세가 나타난 후 대체로 3일 안에 수조 내의 구피가 전멸하게 된다. 약물을 이용한 치료방법이 있기는 하지만, 대부분 실효를 거두기 어렵다. 약품도 고가이기 때문에 차라리 구피의 고통을 빨리 없애주는 것이 현실적인 조치다.

구피 에이즈(Guppy AIDS)

원래 디스커스 에이즈(Discus AIDS)라는 병명에서 유래된 질병이다. 에이즈라는 병명에서도 나타나는 것처럼 치유방법이 전혀 없고 무서운 속도로 전염되는데, 주로 생먹이를 급여할 경우 발병한다. 필자도 실지렁이를 급여하던 시절 구피 에이즈가 발병해 축양장 전체의 구피를 2개월에 걸쳐 모두 잃었던 경험이 있다. 이 일을 계기로 이후 브라인슈림프를 제외하고 실지렁이 등의 생먹이는 일체 급여하지 않고 있다.

증세는 콜룸나리스와 유사하지만, 병의 진행속도가 더 빠르고 몸의 여러 군데에 출혈을 보이며, 전염성과 치사율이 상당히 높다. 일부에서는 콜룸나리스의 변종이 원인이라는 얘기도 있지만, 안타깝게도 현재까지 그 원인균이나 치료방법을 찾지 못하고 있다.

콜룸나리스병에 걸린 구피

기타 기생충

구피에게 자주 발생하는 질병에 대해 살펴봤다. 이외에 질병은 아니지만 수조에 생겨나는 몇 가지 기생충이 있는데, 대표적으로 히드라와 흰색선충에 대해 알아본다.

■ 히드라(*Hydra*) : 히드로충강 히드로충목 히드라과(Hydridae)의 강장동물로, 가늘고 긴 원통형에 3~4개의 촉수를 가지고 있다. 크기는 0.5m 이하이며, 흰색이지만 먹이에

1. 분열하고 있는 히드라 2. 히드라가 번성한 수조의 모습

따라 분홍색 또는 연두색으로도 보인다. 어떤 영향 때문인지 정확히는 모르지만, 과거에 브라인슈림프를 사용할 때는 전혀 생기지 않던 히드라가 최근에는 이 브라인슈림프를 통해 수조에 퍼지고 있다. 번식력이 대단해 먹이(브라인슈림프)공급만 원활하면 수조 가득 늘어나는 것을 볼 수 있다.

히드라는 대부분 자웅동체로서 정소와 난소가 동시에 몸통에 생기는데, 생식기의 발생은 수온과 밀접한 관계가 있다. 유성생식도 하지만, 영양이 좋으면 무성적으로 몸통에서 새로운 개체를 출아시켜 후에 모체에서 분리된다. 재생력이 상당히 강해 몸의 1/200만 남아도 전체가 재생한다.

히드라의 가장 큰 문제는 먹이를 잡기 위해 뻗고 있던 촉수로 구피를 건드리는 것인데, 이 촉수에 쏘이면 치어들은 마비가 되고, 심한 경우 죽는다. 체력이 좋은 코리도라스의 경우에도 수조 내에 히드라 수가 많으면 바닥에 내려 앉지 못하고 어항의 중층에서 생활하는데, 그러다가 심하게 쏘이면 결국 죽고 만다. 수질에 따라서 같은 제품의 브라인슈림프를 쓰더라도 히드라가 생기기도 하고 전혀 생기지 않는 경우도 있다. 한 사육자의 축양장에서도 수조에 따라 히드라가 번성하는 수조가 있는가 하면, 히드라가 있긴 해도 증가하지 않는 수조도 있다.

히드라를 없애기 위해서는 뜨거운 물로 열탕을 하거나 천일염을 넣어 녹여버리는 방법이 있지만, 이는 어디까지나 임시방편일 뿐 브라인슈림프를 공급하는 한 계속 생겨난다. 히드라를 없애는 약품도 판매되고 있지만, 약품 처방보다는 환수 시에 히드라 개체 수를 지속적으로 줄여주는 것이 최선의 방법이라고 할 수 있다.

■**흰색선충** : 생먹이나 햄벅을 급여하는 경우 가끔 수조 내에 흰색 실지렁이 같은 것이 발견되곤 한다. 정확한 명칭이나 자료를 찾을 수가 없어 대략적으로 설명한다.

대개 두 종류가 발견되는데, 그중 하나는 1㎝ 미만의 짧은 흰색선충으로 수조 벽면을 타고 기어 다닌다. 구피에게 해를 끼치지 않는 것으로 보이며, 간혹 구피들이 굶주리면 먹기도 한다. 급속도로 많아졌다가 환수를 여러 번 해주면 사라진다.

또 다른 하나는 디스커스 사육자들이 창벌레라는 이름으로 부르기도 하는 것이다. 크기는 실지렁이와 비슷하고, 바닥재가 깔린 수조에서 바닥재에 파고들어가 살아가며 수중을 헤엄쳐 다니기도 한다. 머리 부분이 둥글고 흡사 사람의 정자와 같은 형태를 띠고 있는데, 이 창벌레 역시 구피에게 큰 피해를 주지는 않는 것으로 알려져 있다. 그러나 미세하게나마 피해를 줄 가능성도 농후한 것으로 보이므로 주의를 요한다. 구피가 전혀 먹지 않으며, 바닥재를 뒤집으면 엄청난 개체 수를 보일 만큼 번식력도 뛰어나고 단시간에 사라지지도 않는다.

질병 치료 시 주의사항

앞서도 언급했듯이, 팬시구피는 질병에 걸리면 치료도 문제지만 애지중지 만들어 온 체형이나 지느러미가 많이 상해 가치를 잃어버리게 된다. 외부로부터 들여온 구피를 무분별하게 투입하거나 과밀 사육하는 것을 삼가고, 생먹이 급여 시에 조심하고 환수만 적절히 해준다면 크게 질병에 걸릴 염려는 없다. 질병이 진행되면 전문가나 초보자나 마찬가지로 치료하기가 힘들다. 질병에 걸리지 않게 하는 사전 관리가 최선의 예방임을 명심하도록 하자.

1. 난산된 치어 2. 몸에 출혈이 나타난 구피
3. 에그 바인딩을 보이는 구피 4. 샴쌍둥이

하프 블랙(Half black = 블랙 턱시도 Black tuxedo)

■**수온** : 치료 시의 수온은 26℃를 유지하는 것이 좋다. 고온욕(30℃ 이상)으로 치료하는 경우도 가끔은 있지만, 구피에게 스트레스를 많이 주게 되므로 꼭 필요한 경우 이외에는 피해야 한다. 수온을 올리면 신진대사가 더욱 왕성해져서 에너지를 많이 소모하게 된다. 따라서 이로 인해 질병에 걸려 식욕이 감퇴되고, 기력이 없어진 구피가 탈진상태에 이르게 되는 경우도 있으므로 이러한 특성을 잘 살펴서 온도를 올려야 한다.

■**수소이온농도**(pH) : 치료 시 물의 pH는 최소한 중성(pH7.0) 이상으로 유지해야 한다. 매우 중요한 사항이지만, 그냥 지나치기 쉬우므로 반드시 체크한다. 대부분의 항생물질은 산성의 수질에서 빠르게 분해되므로 치료에 이르기 전에 약효를 잃게 된다. 그렇기 때문에 2배, 3배의 용량을 투여해도 효과가 별로 없는 경우가 종종 발생한다.

■**암모니아**(NH_3), **아질산염**(NO_2), **질산염**(NO_3), **기타 독성물질** : 잘 살던 구피가 어느 날 갑자기 질병에 걸렸다는 것은 그들이 살고 있는 수조 내의 수질에 문제가 생겼음을 의미한다. 대개는 빈 어항에 갑자기 많은 구피를 투입했거나, 여과재 사이에 찌꺼기가 많이 쌓여서 여과 밸런스가 깨진 경우가 많다. 또 아질산염이 검출되지 않아도 다량의 암모니아가 검출되는 경우도 많다. 특히 수질이 산성일 때 여과 부위에 암모늄(NH_4)

아콰마린 블루 모자이크(Aquamarine blue mosaic)

으로 축적돼 별로 문제가 되지 않던 암모니아가 pH지수의 상승으로 급격히 증가함으로써 그 독성으로 인해 치료제 투여 시 몇 시간 안에 폐사되는 경우도 있다. 이는 구토, 설사, 고열로 앓고 있는 사람에게 장티푸스 예방백신을 주사하는 것과 같은 이치다. 따라서 이것들을 먼저 제거해야 하며, 그렇게 하지 않으면 치료제 사용으로 증상이 호전됐다가도 약효가 떨어질 무렵에는 악화되는 결과를 초래하게 된다.

■ **여과장치의 제거** : 치료과정에서 약품을 이용할 때는 여과장치를 제거하는 것이 좋다. 특히 활성탄, 제오라이트(zeolite; 결정성 알루미노 규산염의 하나. 비석이라고도 한다) 등의 흡착성 여과재는 치료제 자체를 흡착해 효과를 떨어뜨리므로, 여과 부위의 스위치를 끄고 기포기에 에어 스톤을 달아서 산소만 충분히 공급해 주는 것이 좋다.

위와 같은 항목에 대해 조목조목 조치를 취한다는 것은 매우 번거로운 일이므로 가장 간편한 방법으로 환수를 권한다. 병이 발생한 어항의 물을 수온 26℃ 정도의 새로운 물로 80% 이상 갈아준다면 이 모든 것을 일시에 해결할 수 있다. pH 쇼크를 받을 수 있으므로 오전에 30%, 오후에 60%를 환수한다. 이후 독성물질이 검출된다면, 여과 부위의 개선이 이뤄져야만 질병의 재발을 막을 수 있다는 점에 유의해야 한다.

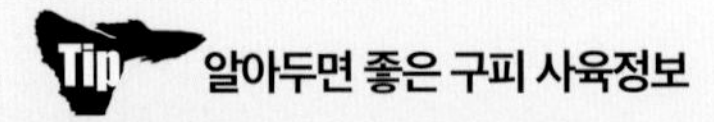

알아두면 좋은 구피 사육정보

구피가 병에 걸리면?

실질적으로 병에 걸린 구피를 치료해 내기란 여간 어려운 것이 아니다. 특히나 콜룸나리스 같은 바이러스성 질병의 경우는 더더욱 힘들다. 꼭 살려야 하는 경우가 아니라면 가장 좋은 방법은 병에 걸린 개체를 수조에서 빨리 제거하고, 상태가 나은 남은 구피들을 관리하는 것이 오히려 현명한 선택이다.

겨울철 18℃ 이하 저온에서의 성장

18℃까지는 수온이 서서히 내려가므로 적응하고 나면 성장이 더딘 것 외에는 큰 문제가 없지만, 봄철이 가까워져 수온이 오르면 곰팡이성 질병에 잘 걸린다. 아주 낮은 온도에 견딘 구피들은 지느러미가 녹아버리는 경우가 생길 확률이 높다.

어류가 병에 걸렸을 때의 소금 사용

소금요법은 물고기의 자연치유력을 촉진해서 체내의 신진대사를 활발하게 해 자연적으로 질병을 치료하는 것이다. 계속해서 사용한다면 각종 병원균이 소금에 내성을 갖게 돼 병원균에게 충격을 주려고 넣어준 소금에 의해 담수어가 물과 체내의 역삼투압에 걸려 죽을 수도 있다. 그러므로 구피 사육 시 평소에는 소금을 넣지 않는 것이 좋다.

가슴지느러미 맞닿은 부분이 검게 변하는 현상

이런 경우 질병은 아니다. 구피 몸의 색소세포 중 멜라닌은 주위 환경, 수질 등에 영향을 받는 것 같다. 그래서 검게 변했다가 색이 빠졌다가 하는 경우가 종종 있다. 조명이나 컨디션 등에 따라 발색이 조금씩 변하기도 한다.

꼬리가 자꾸 찢어지는 원인

여러 가지 원인이 있을 수 있다. 다른 구피에 의해 쪼임을 당한 경우, 수류가 너무 강해서 나타난 경우, 수조 내 구조물에 몸을 비비다가 찢어진 경우, pH가 낮아져서 나타난 현상 등이 있을 수 있다.

백점병 치료 시 주의사항

백점병이 생기면 온도를 30℃로 올려주라는 말을 하는데, 온도를 올려주라고 하는 것은 백점충의 성장속도를 높여 몸에서 떨어져 나올 때 약물로 죽이기 위함이다. 병이 진행된 지 오래됐거나 구피가 너무 약해져 있는 경우에는, 약욕을 시키고 온도를 올려줬는데도 죽게 된다.

수초잎에 붙은 히드라

히드라는 한번 발생하면 일반적인 환수로는 어지간해서는 사라지지 않는다. 시중에 판매되는 약품을 사용하면 없앨 수 있다.

바늘꼬리병에 걸린 치어의 꼬리지느러미

바늘꼬리병이 심하면 죽게 되지만, 살아남으면 대부분 꼬리는 정상적으로 펴진다. 심한 경우 1cm 정도까지 안 펴지고 성장하는 경우도 있지만, 결국에는 완전히 펴지게 된다.

꼬리지느러미에 구멍이 작게 난 경우

환수를 하지 않아 pH가 산성일 때 종종 지느러미에 구멍이 나거나 찢어지곤 한다. 또 지느러미에 기생충이 붙어 피해를 본 경우일 수도 있다.

흰 배설물, 꼬리를 바닥에 튕기는 행동

먼저 구피들이 바닥이나 돌기둥 등에 몸을 비벼대며 튕기는 행동은 질병이라기보다는 물속 기생충이 구피의 몸에 붙어 가렵기 때문에 나타나는 행동이다. 환수만 잘해주면 이런 행동은 금방 없어진다. 그리고 흰 똥을 배설하는 것은 바이러스성 질병이 원인인데, 주로 실지렁이 등의 생먹이를 줄 때와 냉동 장구벌레 등에서도 옮고, 동남아시아산 구피에서도 종종 감염된다. 체내 영양분을 다 빼앗겨 최종적으로는 체력이 약해지면서 아무것도 못 먹고 죽어가게 된다.

수조 벽면에 생긴 실지렁이 같은 벌레

실지렁이나 햄벅 같은 먹이를 줄 때 가끔 생기는 벌레로서 보기에는 상당히 징그럽지만, 구피에게는 그다지 해가 되지 않는다. 두세 차례 환수를 해주면 금방 없어지게 된다.

Chapter 06

구피의 브리딩

구피를 브리딩하는 여러 가지 기법과 암수 종어를 선별하는 법, 교잡과 교배의 차이, 아웃 크로싱의 궁합이 잘 맞는 품종에 대해 알아본다.

01
section

브리더에 대한 고정관념

구피를 비롯한 동물을 사육하다 보면 브리더(breeder)와 브리딩(breeding)이라는 말을 자주 접하게 된다. 사전적인 의미의 브리더(breeder)는 '동식물을 사육하거나 재배하는 사람'이라는 뜻으로, 넓은 관점에서 본다면 '동식물을 전문적으로 사육하는 사람'을 말한다. 개량과 사육의 역사가 오래된 개, 말 등과 관련해 먼저 쓰였던 말이다.

브리딩하는 사람 모두가 브리더

그렇다면 브리딩(breeding)이란 무엇일까. 브리딩이라는 단어에는 번식, 부화, 사육, 사양(飼養; 사육과 같은 의미), 품종 개량, 육종(育種; 품종 개량과 같은 의미)이라는 의미가 포함돼 있으며, 일반적인 사육에서부터 개량작업까지를 모두 브리딩이라고 한다. 이와 같은 브리딩을 하는 사람이 바로 브리더다. 일부에서는 간혹 "한국에 브리더가 참 많은데, 실제로는 없다"라는 말을 하곤 한다. 이 말에는 "많은 사람들이 브리더라는 이름으로 인정해 줄 때 비로소 브리더라고 정의를 내리는 것인데, 대한민국에는 엉터리 브리더가 많다"라고 비꼬는 의미가 내포돼 있다고 한다.

국내 브리더들의 다양한 축양장

하지만 필자는 조금 다른 생각을 갖고 있다. 모든 구피 사육자들이 곧 브리더라고 할 수 있으며, 이는 일반 사육을 하건 개량을 하건 잘 기르고 못 기르고의 차이, 경험의 차이, 수조 수의 차이가 있을 뿐 근본적으로는 똑같다는 것이다. 예를 들어보자.

구피 사육 경험은 전혀 없는데 욕심이 많아서 처음부터 수조를 많이 설치해 기르는 사람을 만나면, 수조의 숫자만 보고 전문적인 사육자로 오해할 수도 있다. 반대로 전문적으로 기르다 경제적, 건강상 등의 이유로 소수의 수조를 놓고 기르는 사람을 보면, 오히려 대단치 않게 생각할 수도 있다. 국내에서 사용하지 않던 단어가 들어오면서 구피 브리더라고 하면 무슨 구피의 신쯤 되는 것으로 생각들을 하는데, 이는 일종의 언어적 편견이라고 여겨진다.

초보자냐 전문가냐의 차이일 뿐

또 일부 사람들은 구피를 사육하면서 신품종 개량만이 최고의 가치가 있고, 신품종을 개량해야만 최고의 브리더인 양 생각하며 일반 사육자를 폄하하기도 한다. 개량이라고 하면 아주 거창하게 생각들을 하는데, 이는 간단하게 말하면 나쁜 점을 보완해서 더 좋게 고친다는 뜻을 가지고 있을 뿐이다.

개량은 두 가지 의미(구피를 예로 들면)로 볼 수 있다. 넓은 의미로는 서로 다른 품종들의 교잡으로 새로운 신종 구피를 만드는 것이고, 좁은 의미로는 그대로 놔두면 자꾸 형질이 퇴보하는 구피의 형질을 더 이상 나빠지지 않게 품종의 기존 특성을 유지, 관리하는 것이다. 따라서 수조의 개수가 많고 적고를 떠나 사육을 하는 모든 사람이 넓은 의미의 브리더라고 할 수 있는 것이다. 소기업이 발전해 중소기업이 되고 또 대기업으로 커가듯이, 초보브리더가 점점 경험을 쌓아가면서 좀 더 전문적인 브리더로 발전해 가는 과정을 겪는 것일 뿐이다.

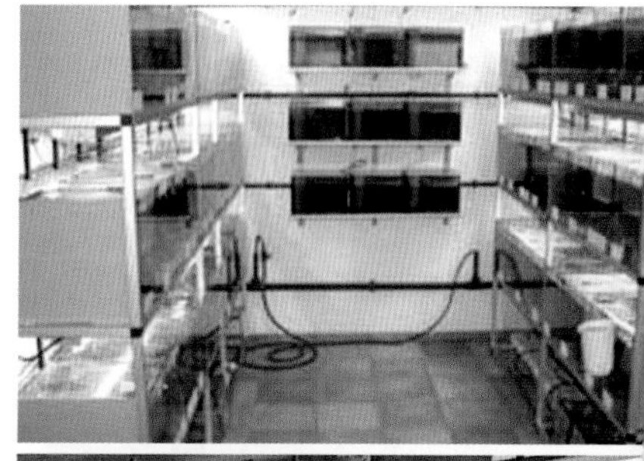

해외 브리더들의 축양장

국내에서도 초보브리더들이 발전해 외국의 브리더들과 견줘도 손색없을 정도로 수준 높은 팬시구피들을 만들어 내고, 그들을 바탕으로 더 많은 초보브리더가 생겼으면 하는 것이 구피 사육을 좀 더 오래 한 브리더로서 갖는 필자의 바람이다.

구피 사육을 오래 하다 보면 좀 더 나은 구피를 만들기 위한 욕심이 생기면서 '팬시구피를 만드는 사람들은 과연 어떤 방법으로 사육할까'라는 궁금증이 생기게 되고, 그들을 따라 하게 된다. 구피 사육은 일반 책에 씌어 있는 것과는 달리 쉽지 않고 오랜 시간이 걸린다. 하지만 분명한 것은 노력과 관심을 준 만큼 좋은 결과가 나타난다는 점이다. 다음 섹션에서 소개할 브리딩 기법들은 전문사육자들이 사용하는 방법이므로 이를 참고해 멋진 팬시구피를 만들어 가길 바란다.

또한, 구피 사육은 혼자서 할 수도 있지만, 그룹 형태로 여러 명이 함께 한다면 훨씬 좋은 결과를 낼 수 있으므로 동호회나 인터넷 사이트를 활용하는 것도 구피 사육을 쉽게 이어갈 수 있는 방법이다. 대만의 구피가 최고가 된 이유 중 하나는, 10명 이내로 구성돼 활발하게 활동하는 소규모 클럽이 수백 개나 된다는 점을 들 수 있다. 이들은 클럽 내부적으로는 서로 도움을 주고받으며 보완하고, 외부적으로는 콘테스트에서 클럽 간 경쟁을 이룸으로써 전체 대만 구피의 수준을 높여주고 있다.

초보사육자에게 한 가지 부탁드리고 싶은 것은, 어느 정도 사육 수준이 되기 전까지는 아무런 목적 없이 교잡을 통한 개량을 시도하지 않았으면 한다는 점이다. 목적 없는 교잡은 스스로도 이해하지 못하는, 요행을 바라는 행위가 될 뿐이기 때문이다.

02
section

전문사육자의 브리딩 기법

브리더와 브리딩에 대해 간단하게 알아봤다. 이번 섹션에서는 브리딩 기법들에 대해 살펴보도록 하겠다. 앞서 언급했듯이, 여기서 소개하는 브리딩 기법은 전문사육자들이 사용하는 방법이므로 잘 참고해서 멋진 팬시구피를 만들어 가길 바란다.

하렘 브리딩(harem breeding)

구피를 처음 사육하는 초보자들에게서 가장 흔하게 볼 수 있는 사육방법이다. 하나의 수조에 여러 마리의 암컷과 수컷을 기르고, 여러 마리의 암컷이 새끼를 낳게 만드는 방법이다. '이것도 브리딩인가?'라고 생각하는 분들도 있겠지만, 하렘 브리딩은 고전적인 브리딩 기법이라 할 수 있다. 구피 사육에 익숙해지면 하렘 브리딩 기법은 거의 사용하지 않게 된다. 예외로 알비노 계열처럼 시력이 나쁘거나 암컷의 수정률이 낮은 경우는, 이 하렘 브리딩 방식으로 치어를 얻어 품종을 유지하게 된다.

하렘 브리딩 방식의 가장 큰 단점은 여러 마리의 수컷 중 제일 작고 빠른 체형을 갖고 있는 수컷이 다수의 암컷을 임신시킬 확률이 높다는 점이다. 인간의 눈으로 판

하렘 브리딩 사육 수조

단하자면 크고 화려한 수컷이 멋있게 보이겠지만, 본능적으로 다음 대의 생존확률을 높이려는 구피 암컷에게 있어서는 제일 빠르고 색상도 자연색에 가까운 수컷을 고르려는 습성이 있다. 암컷 구피는 원하는 수컷의 정자를 골라 임신시킬 수 있다는 외국의 논문자료도 있는데, 하렘 브리딩으로 사육한 수조의 구피는 세대를 이어갈수록 크기는 작아지고 체형도 와일드 타입으로 변하게 된다. 이 문제의 임시적인 해결책으로 암컷이 산란하고 나서 바로 그때 원하는 수컷을 넣는 방법도 있다.
전문브리더들은 하렘 브리딩 방식을 사용하지 않지만, 초보자들은 이 과정을 통해 생육과 치어 받기를 연습할 수 있다. 그러나 치어를 받아도 부모 구피에 대해 알 수 없기 때문에 개체 유지 및 발전은 어려운 브리딩 기법이라고 할 수 있겠다.

인브리딩(inbreeding)

구피 사육에 익숙해지고 팬시구피 사육방법을 알게 되면서 가장 많이 이용하는 것이 인브리딩(inbreeding; 동계교배, 근친교배) 기법이다. 한 어미가 출산한 새끼들을, 암수를 구별해 기르면서 가장 좋은 개체들로 골라 세대를 이어가는 방법이다. 인브리딩 기법의 장점은 새끼들 중 가장 뛰어난 개체들로만 선별해 주면 세대를 내려가도 좋은 구피를 이어갈 수 있다는 점이다. 꼬리나 등지느러미 등 부위별로 장점이 특출한 개체를 선별해 부모보다 나은 개체로 발전시킬 수도 있다.

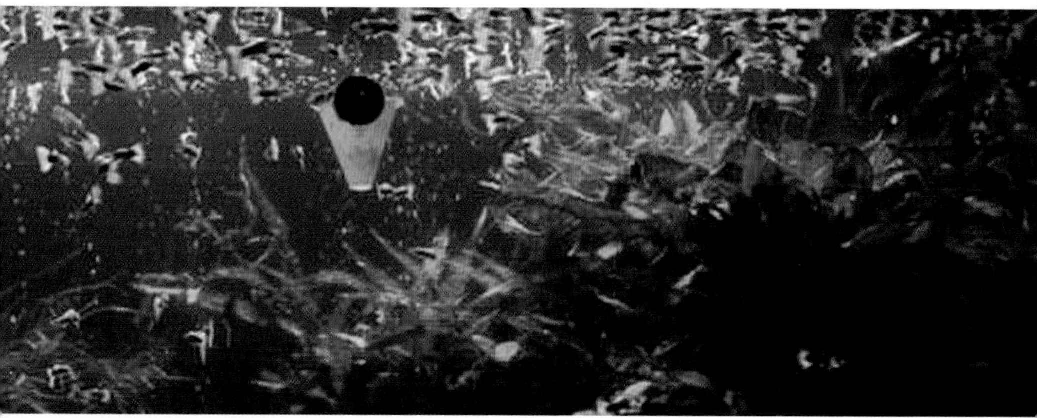
하렘 브리딩 사육 수조

단점은 한배의 형제들로 쌍을 이뤄 근친교배를 하게 됨으로써 기형어의 확률이 높아진다는 것, 좋은 형질을 유지하기 위해서는 새끼 중에서 좋은 개체를 선별할 수 있는 능력이 필요하지만 이 능력이 떨어지면 좋은 개체를 얻지 못하게 된다는 것이다. 이 방법은 경험이 쌓여 종어를 선택하는 안목이 늘면 실패할 확률이 줄어든다.

근친번식이란 친자, 형제 등 근친교배로 자손이 태어나는 것을 말한다. 혈통을 뜻하며, 개나 말 등의 개량에 널리 쓰이는 방법 중 하나다. 조상 중 5세대 이내에 근친교배가 있었다면 이 개체를 근친자손이라 한다(구피의 라인브리딩이 해당). 혈연이 가까운 구피끼리의 근친은 부모 혹은 형제간에서 가장 좋은 장점만을 모은 구피가 태어날 수 있는 방법이다. 이런 이유에서 하나의 품종을 개량하기에는 근친번식이 최선의 방법이지만, 종어가 유전적으로 모두 장점만을 가지고 있을 수는 없으므로 반대로 모두 나쁜 점만 모이는 역효과가 나타날 수도 있다. 또한, 근친번식을 반복하면 반드시 기형의 형질을 가진 자손들이 나오는 것도 피할 수 없는 현실이다.

흔히들 근친교배를 하면 기형의 출현, 개체의 약화 등 여러 가지 폐해를 가져온다고 생각하고 있다. 근친교배의 폐해라고 알려진 문제들은 열성인 형질이 대부분이다. 즉 대부분 근친교배의 폐해는 근친에 의해서 만들어진 문제가 아니라, 근친교배를 하면서 열성으로서 깊이 숨겨져 있던 나쁜 유전자들이 밖으로 분리 또는 돌출돼 나온 것이라고 알려져 있다. 적은 수의 자손을 낳는 개나 말의 경우 이 폐해를 피하고 있지만, 구피의 경우 많은 자손을 생산하므로 이 많은 수의 자손 중 폐해가 나타나지 않는 자손을 골라 계속 번식개량을 함으로써 나쁜 유전자를 빼 나가거나, 다른 혈통과의 교잡으로 나쁜 열성유전자를 다시 깊숙이 묻어 버리기도 한다. 이러한 결과는 알비노를 이용하는 실험방법을 통해 가장 쉽게 알 수 있다. 알비노도 일종의 열성인데, 이것을 우성과 섞으면 없어져도 동배교배 중에 다시 계속해서 나오는 것을 볼 수 있다. 다시 말하면, 근친교배를 반복하면 기형개체가 나오는 확률이 높아지는 것은 확실하지만, 근친교배가 곧 기형개체를 만드는 것은 아니다.

각 세대에서 가장 좋은 개체를 선별했음에도 불구하고, 세대가 지날수록 크기나 활동적인 면에서는 점차적으로 퇴보된다. 인브리딩은 계통의 장점을 증가시키고, 나쁜 인자를 혼합시키는 경향이 있다. 따라서 계속적인 인브리딩은 가능한 한 피하는 것이 좋고, 나쁜 인자가 무시될 수 있을 때는 아주 유용한 방법이라고 할 수 있겠다.

라인브리딩(linebreeding)

인브리딩을 바탕으로 좀 더 확장시킨 브리딩 방법이다. 인브리딩만으로 꼬리지느러미와 등지느러미의 형태 및 색상 등을 개량하려면 시간도 많이 필요하고 한계에 다다르기 쉽다. 각 특징의 장점이 있는 구피들을 선별해 따로 사육하며 장점들을 바탕으로 세대를 이어가다가, 원하는 장점을 갖춘 구피들을 다시 교배하는 방법이 라인브리딩(계통번식)이다. 1쌍의 풀 레드 테일 구피로 라인브리딩한 예를 들어보자.

첫 번째 수조에는 꼬리지느러미의 크기를 중점으로 삼아 종어가 낳은 F1 구피 중에 꼬리지느러미가 가장 큰 구피들만 선별해 사육한다. 두 번째 수조에는 F1 구피 중에 등지느러미의 크기가 가장 큰 개체들만 선별해 사육한다. 그리고 세 번째 수조에는 F1 구피 중에 색상이 가장 좋은 구피들을 골라 사육한다. 이렇게 수조별로 나눠 사육하며 F2, F3로 세대를 이어가다가, 이 중 장점에 가장 가깝게 나타난 구피들을 선별해서 라인을 다시 교배(라인 크로싱)시켜 원하는 구피를 얻는 방법이다.

라인브리딩 기법은 구피 전문 브리더들이 가장 많이 사용하는 브리딩 방법이다. 수조가 많이 필요하다는 단점이 있지만, 인브리딩 기법에 비해 원하는 구피를 얻을 수 있는 시간이 단축되고, 또 그 비율이 높아진다는 장점을 가지고 있다.

블루 그라스(Blue grass)

하이브리드 브리딩(hybrid breeding)

인브리딩이나 라인브리딩이 품종 유지를 위한 브리딩 방법이라면, 하이브리드 브리딩(교잡육종법)은 서로 다른 품종의 교잡을 통해 신품종을 생산하고자 할 때, 사육하던 개체의 암컷이나 수컷을 잃어 더 이상 품종을 유지할 방법이 없을 때, 혹은 사육하는 라인의 발전을 기대하기 어려울 때 사용하게 되는 브리딩 방법이다.

품종 유지를 하는 브리더에 있어서는 잘 사용하지 않는 방법이며, 우리가 흔히 말하는 잡종을 만드는 방식이다. 잡종 개체의 장점인, 크기가 커지고 체질이 튼튼해지며 변종의 가능성이 높다는 이유로 동남아 양식장 등에서 많이 활용한다. 하이브리드 브리딩은 관계가 없는 두 라인의 교잡으로서 수많은 쇼 구피가 이 방법으로 만들어지고 있는데, 종종 이런 개체를 구입한 사람들은 왜 자식들이 아비를 닮지 않고 심지어 색깔이나 패턴도 다른지 의아해한다. 이 브리딩 방법은 현재의 구피 라인이 전보다 훨씬 좋아진다고 할지라도 관습적으로 행해지면 좋지 않다.

'하이브리드 브리딩 방법으로는 결코 좋은 구피를 얻을 수 없다'고 주장할 수는 없는 일이다. 어떤 경우에는 전혀 관계없는 품종을 도입하는 것이 라인을 향상시키는 유일한 방법이 되기도 하기 때문이다. 다른 라인의 구피를 구입할 때는 크기를 향상시킬지, 컬러를 향상시킬지, 또는 등지느러미나 꼬리지느러미를 좋게 할지 등 마음속에 명확한 목표를 세우는 것이 가장 중요하다. 하이브리드 브리딩을 할 때는 원하는 구피의 타입을 찾기 위해서 몇 번의 세대를 거쳐야 할지도 모른다. '이것과 이것을 교잡했을 때 항상 이것이 나올 것이다'라고 단정적으로 말할 수는 없다. 어떤 라인의 유전적인 배경을 모르고 결과가 어떠할지 확신할 수 없으며, 그 라인의 유전자를 안다고 하더라도 열성형질이 갑자기 튀어나올 수도 있는 것이다.

일반적으로 코브라(Cobra) 수컷과 다른 색상의 라인을 교잡하면 한성유전자에 의해서 코브라가 나오게 될 것이다. 반면 코브라 암컷과 다른 색상 라인의 수컷을 교잡하면 어떤 코브라 패턴도 나오지 않을 것이며, 라인을 향상시킬 수 있다. 턱시도(Tuxedo)의 경우는 X, Y유전자에 모두 연관돼 있어서 암컷이나 수컷 둘 중 하나를 사용한다면 결국 턱시도 보디를 만들게 된다. 보디 컬러의 향상을 위해서는 항상 그레이 보디의 수컷이 가장 유용하며, 골드 보디의 턱시도와 솔리드 컬러 라인과 교잡되면 컬러를 향상시킬 뿐만 아니라 개체를 강화시킨다.

필자의 브리딩 예

필자가 생각하는 구피를 번식시키는 가장 좋은 방법은 라인브리딩이다. 이는 대부분의 톱 브리더가 채택하고 있는 방법으로서 3~4세대를 인브리딩하고 나서 같은 종(또는 관련이 있는 종)의 다른 라인과 교잡을 하는 것이다. 필자는 올드 패션 레드(Old fassion red) 3라인을 가지고 있다. 각각의 라인은 서로 다른 특성을 가지고 있는데, 어떤 것은 골든이고 또 어떤 것은 그레이 또는 두 개의 조합이다. 컬러를 변형하거나 바꾸기를 원할 때 항상 그것들 중에서 수컷을 뽑고 다른 라인에서 암컷을 뽑는다.

꼬리지느러미는 모든 라인이 기본적으로 같기 때문에 꼬리의 퀄리티를 유지하는 데는 문제가 없다. 라인 중 좋은 구피 수조를 하나 얻는다면 여기에서 나온 암컷을 여러 라인에 교배시킨다. 필자는 구피를 과밀사육하는 경향이 있는데, 때로 너무 과밀사육한 결과 개체를 작게 만들기도 한다. 필자에게 있어서 가장 어려운 것 중 하나는 아마도 수컷의 수를 합리적으로 줄여서 성장률을 높이는 일일 것이다.

블루 모자이크(Blue mosaic)

지속적인 형질을 유지하는 데 실패하거나 어떤 이유에서 형질을 변형시키기를 원한다면, 그 구피를 다른 라인과 교잡시켜야 한다. 중요한 것은 내 집의 물 환경에서 치어를 받는 것이다. 필자는 보통 2마리의 수컷에 4~5마리의 암컷을 같이 기르는데, 때로 더블 크로스(double cross)를 한다. 이는 A라인의 수컷과 B라인의 암컷을 교배시키고, 동시에 A라인의 암컷과 B라인의 수컷을 교배시키는 방법이다.

이렇게 더블 크로스를 하는 이유는 교배 시 한쪽보다 다른 한쪽이 더 좋은 결과가 나올 수도 있기 때문이다. 이는 외부의 라인을 들여올 때 가장 유용한 방법이다. 만약 여러분이 라인 A를 사육할 때 3세대를 지나고 나서 크로스한다고 하면, 그래서 좋은 구피를 얻을 수 있다면 훌륭한 사육방법이라고 할 수 있지만, 결코 쉽지는 않은 방법이다. 적어도 모든 경우에 있어서 모두 3~4세대가 걸리는 것은 아니다. 그 라인의 유전적 배경을 안다면 결과가 어떻게 될지 어느 정도 추측할 수 있다.

여러분들이 보유한 라인이 쇼 퀄리티에 도달했다 하더라도 항상 선별에 유의해야 한다. 암컷이나 수컷에서 나타나는 결점이 후대에 항상 유전되기 때문이다. 또 사육자 대부분이 덩치가 큰 암컷을 선호하는 경향이 있는데, 큰 보디를 가진 암컷은 생식기가 약하다는 단점을 가지고 있으므로 선별에 유의하기 바란다.

03
section

교잡과 교배의 차이 및 기법

유전적 조성이 다른 두 개체 사이의 교배(交配, hybridization)를 교잡(交雜, crossbreeding)이라고 한다. 흔히 교배와 교잡을 구별하지 않고 같은 의미로 쓰는 경우도 있으나, 교배는 유전자 조성이 같을 때 쓰는 용어이며, 유전자 조성이 다른 두 개체 사이의 교배는 교잡이라고 해야 한다. 교잡과 교배의 차이, 기법에 대해 알아보자.

교잡과 교배의 차이

교잡은 이계통간(異系統間), 이품종간(異品種間), 이종간(異種間), 이속간(異屬間) 등에서 이뤄지지만, 근연의 계통일수록 이뤄지기 쉽고 때로는 교잡이 불가능할 때도 있다. 교잡에 의해서 생긴 자식은 잡종(雜種, hybrid)이라고 한다. 이종 간의 교잡인 경우 그 잡종은 일반적으로 불임이 되는 것이 대부분이다. 교배는 동물이나 식물에 있어서 암수 개체의 배우자가 하나가 돼 수정란을 형성하는 과정을 가리키는 말이다. 이는 바깥으로 보이는 외형적인 현상을 주로 말하는 것이며, 내부적으로 실제 암수 배우자가 결합하는 과정은 수정(受精, fertilization)이라고 한다.

특히 교배라는 단어를 사용할 때는, 인간의 필요에 의해 인위적으로 수정이 이뤄지도록 하는 과정을 말하는 경우가 많다. 교배가 일어나는 행위 자체는 동물의 경우에는 주로 교미(交尾, mating)라고 하며, 식물의 경우에는 수분(受粉, pollination)이라고 한다. 교잡이라는 단어도 동일한 의미로 사용하고 있기도 하지만, 교잡은 유전자형이 다른 두 개체 사이에서 교배를 할 경우에만 사용하는 것이 일반적이다.
엄밀한 의미로는 구피에 있어서 교배와 교잡이 상충되는 부분도 있지만, 상호 중복되는 의미도 가지고 있다. 그래서 필자는 이해하기 쉽게 동일품종일 경우는 교배, 다른 품종일 때는 교잡으로 칭하고자 한다. 구피의 사육에서 다른 품종을 섞는 교잡의 경우 자신이 사육하는 구피에게 없는 특징의 장점을 보완하기 위해 실행되지만, 반드시 좋은 결과로 이어진다고 장담할 수는 없기 때문에 신중을 기할 필요가 있다. 브리딩 기법 내에서도 다시 여러 가지 섞는 방법이 있다.

라인 크로스(line cross)

라인브리딩으로 사육하다 보면 각각 나눠 사육하던 라인을 특정 시기에 섞어줘야 하는데, 이것을 라인 크로스라고 한다. 각각의 장점이 있는 특징을 바탕으로 사육했기 때문에 이를 섞어 원래 추구하던 목표의 구피를 얻기 위해서 행해진다. 라인 크로스의 단점은, 특징별로 뛰어난 특성을 가진 구피들을 선별 사육해 라인 크로스를 해준 경우라 할지라도 모두 다 원하는 결과를 얻지는 못한다는 것이다. 때로는 오히려 각각의 장점이 전부 망가지는 경우도 생길 수 있다.

아웃 크로스(outcross)

라인브리딩으로 좋지 못한 결과를 얻었을 때 외부의 구피를 섞어주는 것을 아웃 크로스라고 한다. 보다 나은 장점을 얻기 위해 다른 품종의 구피와 교잡하는 하이브리드 브리딩과 중복되는 부분도 있다. 교잡에 의한 결과가 반드시 좋으리라는 보장은 없기 때문에 가지고 있던 원 품종의 형질을 가진 개체들은 유지해 줘야 한다. 외부에서 들여오는 다른 품종은 그 개체만 보지 말고 전체적인 품종의 형태를 살피는 것이 좋다. 수컷이건 암컷이건 간에 동배 구피들의 전체적인 색상, 크기, 형태를 봐

두고 전체적으로 고르지 않다면 과감히 포기하는 것도 실패를 줄이는 좋은 방법이다. 또 알비노 계통은 세대를 이어가다 보면 자연적으로 크기가 작아지는데, 이를 방지하기 위해 노멀 개체와 일부러 아웃 크로스를 해주기도 한다.

1. 코브라와 HB 파스텔을 교잡해 태어난 HB 레오파드 2. 코브라와 블루 그라스를 교잡한 레오파드

더블 크로스(double cross)

더블 크로스는 라인브리딩으로 서로 구분해 사육하던 각 라인의 암수를 맞바꿔 교배시키는 방법이다. 자신이 사육한 라인이 한 라인이더라도 동종 품종을 사육하는 다른 사육자의 구피를 받아 더블 크로스를 해주기도 한다. 일반적으로 외부에서 구피를 들여올 때 보통 수컷을 위주로 받아 교배하게 된다. 더블 크로스를 해주는 이유는 외부에서 들여온 암컷 개체를 통해 오히려 더 나은 결과를 얻을 수도 있기 때문이다. 마찬가지로 자신이 나눠 사육한 라인에서도 어느 쪽의 크로스가 나은 결과를 낼지 모르기 때문에 일반적으로 더블 크로스를 해주는 것이 좋다.

백 크로스(back cross)

백 크로스는 부모 구피가 낳은 F1 개체를 구분해 사육하다가 아들개체와 엄마개체, 딸개체와 아빠개체를 교배시키는 방법이다. 백 크로스를 해주는 이유는 다음과 같이 크게 두 가지를 들 수 있다. 첫째, 알비노 개체를 단시간에 좀 더 많이 얻기 위해서다. 예를 들면, 노멀과 알비노를 교배했을 경우 F1은 전부 노멀로 표현되고, 이들 F1 개체끼리 교배하면 F2에서 25%의 알비노 개체를 얻을 수 있다. 반면 위의 F1 개체와 부모를 백 크로스하면 50%의 알비노를 얻을 수 있다. 둘째, 부모 구피의 형질이 아주 우수할 때 그 형질을 그대로 표현하고 고정시키기 위해서다. 주로 인브리딩 기법으로 번식시킬 때 많이 사용하는 방법이다.

04
section

암수 종어의 선별과 선택

구피를 사육하면서 자주 쓰는 용어 중 하나는 종어(種魚)로, 구피 사육의 성패를 좌우하는 아주 중요한 요소라고 할 수 있다. 사전적 의미의 종어는 '번식시키려고 종자로 삼아 기르는 물고기', 즉 '씨고기'를 말한다. 그렇다면 종어는 어떤 기준으로 선별해야 하는 것인지에 대한 궁금증이 생기고, 더불어 그 방법을 알고 싶을 것이다. 이번 섹션에서는 암수 종어를 선별하는 방법에 대해 간략하게 알아보도록 한다.

타고난 선별 감각 필요

구피 외에 다른 어떠한 동물의 경우도 마찬가지겠지만, 단순 사육은 어느 정도 경험이 쌓이면 나름대로 손쉽게 이어갈 수 있다. 그러나 좋은 형태와 성격 등의 품종을 유지하려면 부모의 좋은 형질을 가지고 있는 개체를 필요로 하고, 또 그런 개체를 선별할 수 있는 능력이 있어야 한다. 이처럼 좋은 개체를 선별할 수 있는 능력은 간단하게 이론만 안다고 해서 저절로 갖춰지는 것이 아니라, 선천적인 감각 또는 풍부한 사육 경험에 의해 나타나고 또 향상하게 되는 것이다.

종어로 선별돼 합사한 암수 구피

보통 사람 중에서도 음악이나 미술에 타고난 감각을 지니고 있는 사람이 있듯이, 구피의 형태를 자연스럽게 구분해 내는 타고난 능력, 즉 선천적인 감각을 지닌 사람이 있다. 개량을 하려는 사람에게 있어서는 제일 필요한 능력이라고 할 수 있다. 일례로, 도그 쇼에서 이론으로 중무장하고 심사를 맡았던 사람보다 개량을 오래 한 타고난 감각의 사육자가 훨씬 나은 선별능력을 보여주는 것을 목격한 적도 있다.
구피의 경우도 사육자의 관리 여하에 따라 많은 차이를 보이기는 하지만, 그보다 더 중요하게 작용하는 것이 종어 개체를 선별하는 능력의 유무다. 어떤 종어를 쓰느냐에 따라 후대에 결정적인 결과를 가져오기 때문이다. 먼저 당부하고 싶은 것은, 글만으로 종어 선별에 대해 설명하는 것은 한계가 분명히 있다는 점이다. 따라서 이 점은 양지하기 바라며, 소개하는 내용이 사육 경험에 도움이 됐으면 한다.

암컷과 수컷의 종어 선별방법

흔히들 종어라고 하면 최고의 구피라고 생각하기 쉽다. 종어의 목적은 다음 세대에

레드 레이스 코브라(Red lace cobra)

서 좋은 개체를 생산하는 것이므로, 종어 자체가 좋은 구피가 될 수도 있지만 아닐 수도 있다. 따라서 콘테스트에서 입상한 개체를 보통 좋은 종어 구피로 생각하지만, 좋은 종어감이 될 수도 있고 아닐 수도 있다는 점을 이해하는 것이 중요하다.

종어를 구하기 위해서는 우선 어미 구피가 낳은 치어들을 사육하는 단계에서부터 기형개체와 45° 각도로 부자연스럽게 헤엄치는 치어들을 제외시키고, 그 이후 성장이 확연히 더딘 개체를 골라낸다. 성징이 발현되면 암수를 나눠 사육하는데, 이때 주의할 점은 같은 품종일 경우라도 여러 배의 치어들을 혼육하지 말아야 한다는 것이다. 한배에서 나온 자손들을 서로 비교해 선별기준을 삼아야 하는데, 여러 배의 치어가 섞였을 경우 같은 배의 자손끼리 상대적으로 비교가 되지 않기 때문이다.

암컷이 낳는 치어의 마릿수는 30~40마리 전후가 가장 이상적이다. 너무 많은 수를 낳았을 경우 치어의 크기가 너무 작아 성장하더라도 30~40마리의 치어들을 사육한 경우보다 좋지 못하기 때문이다. 이런 이유로 종어로 선정한 암컷 구피가 출산한 치어들의 크기가 일률적으로 작다면 과감하게 포기하는 것도 괜찮다. 2~3번째 출산시

골든 옐로우 코브라 더블 소드(Golden yellow cobra double sword)

기의 종어로 선정한 암컷의 치어를 받는 것이 좋다. 지금까지 제외시킨 치어 개체들의 경우 사육자 누구나 선별 가능하지만, 이후부터의 과정이 어렵다. 색상, 각 부위의 크기, 형태 등 사육자가 중점을 두는 것을 비교해 선별해야 한다. 분리 사육 후 2개월이 되는 시점까지 선별하는데, 이때 냉정한 평가를 기준으로 선별한다.

수컷의 성징이 빨리 나오는 개체를 어얼리 메일(early male)이라 부르며, 제외대상이 된다. 수컷의 생식기인 고노포디움(gonopodium)이 빨리 형성되는 개체들로서, 세대를 이어갈 경우 점차 성징이 빨리 발현되기 때문이다. 성징이 빨라지면서 나타나는 현상이 몸통의 성장에는 도움이 되지만, 발색이나 지느러미의 크기가 작아지게 되며 수명도 짧아진다. 약 40마리의 치어 중 암수 동일한 성비가 나온다고 가정할 때 이와 같은 방식으로 선별해 나가면 2개월 정도 후에 암수 각 10마리 내외가 남게 된다. 이때부터 4개월령이 될 때까지 사육하면서 수컷의 경우 단점이 가장 적은 개체를 위주로 종어를 선별한다. 보통 크기를 고정하는 것이 가장 쉽고, 그다음으로 밸런스, 지느러미의 형태, 색상 순으로 어렵다는 점을 생각해 이 순서대로 선별하면 된다.

골든 메두사(Golden medusa)

보통 암컷 종어의 선별을 어려워한다. 사실 어려운 과정이며, 암컷의 선별기준을 수컷처럼 잡으면 좋지 않다. 수컷의 경우 좋은 색의 구피를 종어로 사용하는 것이 당연한데, 이 방법을 암컷에도 적용하는 경우가 많다. 예를 들어, 풀 레드의 경우 수컷은 좋은 색의 기준으로 종어를 선별한 뒤, 암컷도 같은 방법으로 새빨간 꼬리의 암컷을 선별하면 결과는 대를 내려갈수록 색이 탁해지게 된다. 결국 암컷 색의 기준은 수컷의 기준과 상관없이 개별적인 선택법이 있어야 한다는 것이다.

솔리드와 턱시도 암컷들의 색상은 어두운 느낌이 드는 꼬리를 골라야 자손의 색이 맑고 깊어진다. 만약 그런 개체가 없다면 고르게 연한 색이 들어간 것을 골라야 하고, 무색의 꼬리와 점이 들어간 개체는 절대 피하는 것이 좋다. 패턴 계열은 수컷과 동일하게 꼬리지느러미와 등지느러미에 패턴을 보이는 개체가 좋고, 체형은 보통 긴 느낌보다 크기가 크고 길이가 짤막한 형태의 미통이 굵은 개체를 고르면 된다. 지느러미는 라운드 테일은 피하고, 턱시도와 레드 테일은 델타에 가까운 꼬리 형태를, 그라스나 모자이크 블루 테일은 꼬리의 탑이 긴 형태의 암컷을 고르면 된다.

05
section

팬시구피의 사육과 관리

팬시구피를 사육하는 목적, 성별 및 크기에 따라 사육방법이 달라진다. 이번 섹션에서는 암컷과 수컷을 사육하는 방법, 생후 첫 1개월간 치어를 사육하는 방법, 치어 수조를 관리하는 방법, 카니발리즘과 기타 고려할 사항 등에 대해 알아본다.

암컷의 사육

요즘 개최되는 콘테스트에는 암수가 같이 출전하지만, 실질적으로 암컷이 큰 비중을 차지하지는 못한다. 이런 이유로 암컷의 역할은 다음 세대에서 좋은 개체를 생산하는 것에 초점을 맞추게 된다. 종어로서 지녀야 할 암컷의 조건은 우선 건강하고 크기가 크며, 밸런스를 잘 갖춘 개체여야 한다는 것이다. 여기에 잘 놀라지 않고 치어를 잡아먹지 않으며, 다른 구피를 괴롭히지 않는 성격을 가져야 한다.

한 번의 임신으로 2~3회까지 치어를 낳을 수 있기 때문에 출산 경험이 없는 암컷으로 선별해 사육하는 것이 무엇보다 중요하다. 암컷은 출산을 하면서 성장하지만, 생후 2개월 이전에 임신하는 것은 좋지 않다. 최적기는 4~5개월 사이에 출산하는

먹이와 치어의 상관관계

먹이	치어의 수 (마리)	비고
땅지렁이	178	
땅지렁이 냉동	164	작고 어린 것을 갈아서 얼린 것
비프 히트 (소염통)	143	디커 사육에서 말하는 햄벅
실지렁이	141	
브라인슈림프 치어	101	마이크로웜도 같은수치
브라인슈림프 치어 냉동	76	
테트라 민 등의 사료	52	
백지렁이(Whiteworm)	16	
땅지렁이와 사료를 섞어서 먹일 때	194	
땅지렁이, 소 염통, 배추를 섞어서 먹일 때	221	

것으로, 이때가 치어의 마릿수도 적당하며, 대체적으로 치어들도 편차 없이 균일하게 성장한다. 암컷이 너무 어린 상태에서 출산을 하면 치어의 마릿수도 적고 크기도 작다. 반대로 늙은 암컷에게서 나온 치어들은 건강하지 못하고 개체 차이도 심하다(단, 일부 알비노나 옐로우 계통은 3개월 이후까지 임신을 못하면 불임이 되는 경우가 많다).

암컷은 다음 대에 태어나는 수컷의 색과 형태에 영향을 미치는데, 일반적으로 원색의 꼬리 색은 다음 대의 수컷에게 전달된다. 반면 코브라에서 볼 수 있는 패턴이 없는 무지의 암컷은 교배하는 수컷의 형질을 그대로 후대에 물려주기 때문에 개량 작업 시 많이 활용되기도 한다.

좋은 종어로서 갖춰야 할 암컷의 조건은 먹이로 무엇을 급여하느냐에 따라 달라진다. 위의 표는 예전에 발표된 미국의 E.C 박사와 그의 연구팀(Dr. E.C&Associate)이 진행한 먹이실험연구에서 나온 연구결과다(실험은 한배에서 나온 치어들을 반으로 나눠 비교한 것이다). 솔직히 말하자면, 저런 마릿수가 과연 나왔을까 하는 의문이 들기도 한다. 표의 결과에서 눈에 띄는 대목은 배추로, 식물성 먹이의 중요성을 알 수 있다.

필자가 예전에 지렁이를 먹여 암컷을 사육했을 때 생산된 치어의 수가 평균 60~70마리였다. E.C 박사와 연구팀의 연구결과에서 필자의 평균치를 빼면 절반 수준인데, 다른 먹이를 급여했을 때의 결과를 절반 수준으로 생각하면 현재의 출산 수와 비슷해진다. 또 연구결과를 살펴보면, 특이한 점이 땅지렁이를 급여한 것이다. 미국에서는 땅지렁이로 만든 플레이크 사료만으로 사육하는 브리더들도 있다고 하는데, 지방과 단백질의 함량이 우수하기 때문이라고 볼 수 있다. 그리고 소 염통(햄벅)을 급여한 구피는 수명이 25~50% 증가한 것으로 알려져 있다.

사료는 성분이 비슷하지 않은 제품으로 2~3가지를 구입해 고르게 급여해 주는 것이 좋다. 구피에게 먹이를 급여할 때 특성이 있는 여러 가지 먹이를 고르게 주라고 하는 이유는 영양의 균형을 위해서이며, 균형이 잘 잡힌 먹이를 충분히 먹고 자란 암컷이 건강한 치어를 출산하게 된다.

1. 치어를 출산하고 있는 암컷 2. 콘테스트에 출품하기 위해 길러진 수컷

수컷의 사육

수컷의 사육은 크게 두 가지 목적에 따라 구분된다. 콘테스트 출품을 목적으로 사육하는 것과 종어로서 사육하는 것이다. 콘테스트에 출품하기 위해서는 조금이라도 지느러미에 손상을 입으면 안 되기 때문에 수조 하나에 2~3마리 이상 사육하지 않는다. 따라서 수컷 치어들 중에서 가장 뛰어난 개체 2~3마리를 종어로서 우선 선별하고, 나머지 수컷들 중에서 같은 형질로 콘테스트에 출품할 개체를 골라내 사육하면 된다. 종어의 경우는 지느러미가 상해도 유전적으로는 아무 이상이 없으므로 콘테스트에 나갈 개체보다는 신경을 덜 써도 되지만, 먹이만큼은 잘 먹여야 한다.

종어 수컷은 암컷을 적극적으로 따라다니는 생후 4개월 정도의 개체를 사용하고, 7개월이 넘어서면 종어로는 사용하지 않는 것이 좋다. 가장 좋은 개체를 4~5개월 정도 종어로 사용하고, 이후 크기가 가장 커지는 7개월 정도에 콘테스트에 내보내야 하지 않는가라고 생각하는 분들도 있다. 이상적인 방법이 될 수도 있지만, 현실적으로 종어로서 암컷과 생활하다 보면 지느러미가 상하는 일이 많아 콘테스트에 내보낼 수 없게 되는 경우가 다반사다. 콘테스트는 구피에게 엄청난 스트레스를 주기 때문에 출품 이후 죽는 경우도 많고, 살아서 돌아오더라도 질병에 시달리는 경우가 많다.

콘테스트에 내보낼 수컷들은 암컷 없이 성장이 거의 멈추는 7~8개월까지 길러내고, 되도록 지느러미에 상처를 입힐 수 있는 구조물을 없애주면 좋다. 가장 이상적

하프 블랙 파스텔(Half black pastel)

인 것은 항상 청결한 상태를 유지하는 방법으로, 바닥에 모래조차도 깔지 않은 수조에서 사육하면 좋다. 스펀지나 박스 필터를 사용해 여과되는 환경에서 길러낸 후 콘테스트에 출전시키면 된다. 콘테스트 출전 시에는 좀 힘들더라도 사육하던 수조의 물을 많이 가져가서 콘테스트 수조를 사육 수조의 물로 채워줘야, 구피가 스트레스도 덜 받고 활동성을 중시하는 콘테스트에서 좋은 결과를 얻을 수 있다.

치어의 사육 - 첫 1개월

팬시구피로서의 사육에 있어서 성패가 갈라지는 것은 치어가 태어난 후 첫 1개월간의 관리에 달려 있다고 해도 과언이 아니다. 사육자마다 사육방법은 각기 다르겠지만, 하나로 일치된 견해는 이 기간에 최대한 빠른 성장을 도모해야 한다는 것이다. 즉 큰 꼬리를 유지할 만한 적절한 크기와 체형을 얻기 위해서는 그 1개월(탄생 이후부터 성징 발현까지)이라는 짧은 기간 최대한의 성장을 가져와야 한다는 것이다.

구피의 성장 패턴을 보면, 첫 1개월간 체형이 성장하고 근육 및 뼈 구조가 발달하게 된다. 1개월 동안 성장하면 성징이 발현되는데, 이때부터 에너지 소모가 시작되며

6주 이후 성적 행동 및 꼬리 성장에 에너지가 소모되기 시작한다. 체형의 성장은 구피가 죽을 때까지 계속 이뤄지지만, 시간이 지날수록 그 속도는 점점 둔화된다. 즉 구피가 에너지를 다른 곳으로 소모하기 전인 첫 1개월간의 성장이, 체형을 최대한 크게 성장시키는 데 있어서 중요하다고 볼 수 있다.

암컷 구피의 유지와 도태

암컷 구피가 어떤 새끼들을 출산했는지에 대한 기록을 관리하는 것이 중요하다. 선별한 암컷 구피 중에 좋지 못한 치어들을 생산한 암컷은 도태시켜야 하며, 좋은 치어들을 생산했을 때만 종어로 계속 사용한다. 암컷들이 낳은 치어들은 따로 길러서 좋은 개체와 나쁜 개체를 확인한 후 유지할 것인지 또는 도태시킬 것인지 결정해야 한다. 기억만으로는 어려운 작업이므로 꼭 기록해 두는 습관을 들이길 바란다.

치어 수조의 관리

치어 수조는 크기가 너무 크면 먹이를 찾는 데 많은 에너지를 소모시켜 성장을 저해하는 요인이 된다. 먹고 남긴 먹이는 사이펀으로 제거하거나 달팽이, 코리도라스 등을 이용해 제거해 주는 것이 좋다. 특히 브라인슈림프는 치어들이 먹는 양이 생각보다 적은 데 반해 급여량은 많은 경우가 있는데, 먹고 남길 경우 수질이 급속히 악화되므로 주의해서 급여해야 하며, 많이 남았을 때는 반드시 제거해 줘야 한다.

구피 치어의 소화시간은 약 20분 정도이므로 20분 간격으로 계속 먹이를 급여하면 최대한의 성장을 도모할 수 있다. 그러나 이는 사실상 불가능하다. 따라서 최선의 방법은 가능한 한 자주, 소량으로 하루 8~10회 먹이를 급여하는 것이다. 치어에게는 양질의 먹이를 정량보다 약간 더 먹이는 것이 중요하다. 저녁식사 때 과식하고도 아이스크림을 달라고 조르는 어린아이처럼, 구피 치어도 새롭고 맛있는 먹이에 대해서는 배가 그리 고프지 않아도 달려든다. 그러므로 구피 치어에 대한 먹이급여

먹이를 배불리 먹은 치어의 모습

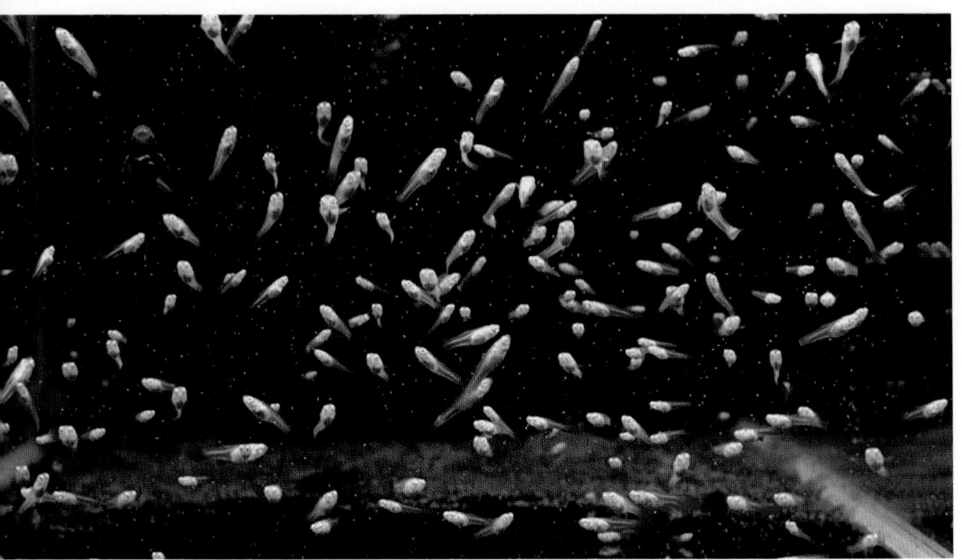
치어 사육 수조

는 나름대로의 순서가 필요하다. 예를 들어, 배가 부르고 다른 먹이에 대해서는 반응이 신통치 않아도, 살아 있는 브라인슈림프에 대해서는 엄청난 먹이반응을 보일 것이다. 이러한 점을 감안해 먹이를 급여할 때 순서를 정해 먹이면 좋다. 건조사료 A → 브라인슈림프 → 건조사료 B → 브라인슈림프 순으로 섞어서 급여하는 것이 영양적으로 보충이 되며, 빠른 성장에도 도움이 된다.

중성&팟 벨리드(pot bellied)

암컷 같은 수컷, 수컷 같은 체형의 암컷은 일반적으로 수정능력이나 번식능력이 없는 것으로 알려져 있다. 이상하게도 코브라나 그라스 종에서 이런 개체들이 많이 번식돼 나오는데, 정확한 이유는 알려진 바 없다. 따라서 종어를 선별할 때 다른 품종의 경우보다는 체형을 자세하게 살펴볼 필요가 있다. 이와 같은 중성적인 형질 이외에도 팟 벨리드(pot bellied; 올챙이배)라고 해서 복부가 암컷처럼 튀어나오는 체형이 있는데, 일종의 기형(deform)으로서 콘테스트에서는 감점요인이 된다. 대만에서 수입돼 들어온 RREA 레드 레이스 코브라에서 이런 형질이 많이 보인다.

구피의 카니발리즘

1. 출산한 치어를 먹고 있는 어미의 모습
2. 치어를 건드리지 않는 어미의 모습

구피의 경우 카니발리즘(cannibalism; 동족끼리 서로 잡아먹는 것을 말함) 현상이 나타나는 것과 그렇지 않은 것이 있다. 카니발리즘 현상이 나타나는 종들은 산란 수조에 브라인슈림프를 아무리 많이 넣어준다 해도 치어를 잡아먹는다. 그러나 카니발리즘 현상이 나타나지 않는 종들은 새끼를 건드리지 않는다.

하지만 카니발리즘이 없는 암컷의 경우도 산란 수조에 여과기 등 새끼들이 숨을 공간이 있다면 치어들을 사냥해서 잡아먹는다. 즉 치어가 여과기 등에 숨어 있다가 갑자기 튀어나오면 암컷은 치어를 먹는다. 이는 본능대로 사냥을 하고 잡아먹는다는 말이다. 반대로 아무것도 없는 빈 수조에 암컷을 넣을 경우에는 갓 낳은 치어들을 건드리지 않는다(카니발리즘 현상이 나타나지 않는 종의 경우). 아무것도 없는 채집통에 어항 물만 채워서 출산 기미가 있는 암컷을 넣어 실험한 경우, 놀랍게도 암컷은 자기 새끼들을 전혀 건드리지 않았다. 미국의 유명 브리더인 슈벨(Shubel)은 만일 종어 암컷이 태어난 자기 새끼를 잡아먹으면, 종어로서의 자격이 없다고 생각하기 때문에 종어 암컷을 가차 없이 도태시킨다고 한다.

기타 고려할 사항

잦은 물갈이는 성장을 자극한다. 즉 잦은 물갈이는 계속적인 먹이급여로 인한 물의 오염을 방지할 뿐만 아니라, 치어를 활기차게 하고 식욕을 자극하게 된다. 수온 역시 성장에 영향을 미치는데, 수온이 높을수록 치어의 신진대사를 촉진시키게 되며, 수온이 높을(26~27℃) 경우 많이 먹고 빨리 성장하지만 단명한다. 수온이 낮을(22℃) 때는 성장이 느리지만 장수하게 되는데, 다 자란 성어의 경우 크기의 차이는 거의 없다. 조명의 강도는 구피의 성장에 큰 영향을 미치지 않지만, 조명의 수가 너무 적거나 광량이 부족할 경우 등이 굽는 기형의 원인이 되기도 한다.

06
section

품종 간 궁합
(out-crossing)

보통 초보사육자들이 구피를 접할 때 '누구나 신품종을 만들 수 있다'는 말에 현혹되는 경우가 많다. 그래서 여러 품종을 섞는 과정을 자랑스러워하기까지 한다. 하지만 이 생각 없는 아웃 크로싱(out-crossing)이 결국은 품종을 망가뜨리는 지름길이라는 사실을 납득시키는 것은 어렵지 않다. 확실한 품종 간에 아웃 크로싱을 할 경우에만 바람직한 결과를 얻을 수 있다. 아웃 크로싱의 80%에서 90% 정도는 부모보다 열등한 개체들을 얻게 될 것이다. 아웃 크로싱을 하고 싶다면 양쪽을 모두 발전시킬 수 있는 품종들을 선택하는 것이 무엇보다 중요하다.

레드 테일과 HB 레드

HB 레드를 개량하기 위해 골드 보디의 레드 수컷과 그레이 보디의 HB 레드 암컷을 교접시키면 F1은 100% HB 레드일 것이다(이 F1들로도 콘테스트에서 좋은 성과를 거둘 수 있다). 이 F1 중에서 암컷들 모두를 제외하고 수컷들만을 다시 HB 레드 암컷과 백크로스를 한다. 이 크로스에서는 턱시도의 보디 컬러(body color)가 엷어질 것이다.

하프 블랙 파스텔(Half black pastel)

그러므로 암컷 종어 선별 시 항상 짙은 보디 컬러를 가진 것을 고른다. F1 암컷들 중 일부를 골드 보디의 레드 수컷과 백 크로스(F1 암컷+부모 수컷)를 하면 훌륭한 그레이 레드를 얻을 수 있다. 치어들 중 25%가 그레이 레드일 것이다.

레드 테일과 알비노 레드 테일

알비노 레드 테일 라인을 개량하기 위해서 골드 레드 테일 수컷을 알비노 레드 테일 암컷과 교배시킨다. F1은 100% 그레이 레드 테일이 나올 것이다. 이 F1 수컷들을 알비노 레드 테일 부모 암컷과 백 크로스를 한다. 이론적으로는 30% 정도의 알비노를 얻지만, 실제 경우에는 보통 25%에서 30%의 알비노를 얻는다. 이 상태라면 부모 수컷+F1 암컷 브리딩으로 3대 정도까지는 라인이 망가지지 않는다.

퍼플과 그린

가장 훌륭한 궁합 중 하나다. 이 크로싱은 양쪽 품종 모두를 발전시킬 수 있을 뿐만 아니라 덤으로 썩 괜찮은 블루도 얻을 수 있다. 퍼플이 우성인자이며, 퍼플은 그린을 상당히 짙게 만들 것이다. 이러한 점을 염두에 두고 아주 옅은 그린색의 수컷과 퍼플 암컷을 교배시키면 더 크고 훌륭한 그린을 얻을 수 있다. 퍼플을 개량하기 위해서는 퍼플 수컷들을 그린 암컷과 교배시키면 된다.

하프 블랙 옐로우(Half black yellow) 수컷과 하프 블랙 파스텔 암컷. 근연종으로 품종 개량을 위해 교배에 자주 이용된다.

옐로우 코브라와 HB AOC

HB AOC의 패턴을 개량하려면 스네이크 수컷과 HB AOC의 암컷을 교배시키는 것이 좋다. HB AOC 라인에서는 턱시도가 X염색체 위에 있고 우성인자다. 즉 F1은 모두 턱시도가 될 것이다. F1 중 종어 수컷을 선별해 HB AOC 암컷에 백 크로스를 한다. 이 과정을 5~6대 정도에 한 번씩 사용하면 된다.

블루/그린 모자이크 VS. 옐로우 코브라

크기가 가장 큰 블루/그린 수컷(색상, 패턴은 신경 쓰지 말 것)을 선별해 코브라 암컷과 교배시켜 보자. F1 개체들 중 수컷을 블루/그린 암컷과 다시 크로스한다. 이와 같은 크로스에서 훌륭한 블루/그린 모자이크를 얻을 수 있다.

그레이 보디 HB 파스텔과 골드 보디 파스텔

파스텔의 지느러미와 크기를 개량하려면 골드 보디의 화이트 파스텔 수컷을 그레이 보디의 파스텔 암컷과 교배시키는 것이 좋다. F1은 모두 그레이 보디의 HB 파스텔이 나올 것이다. 이 중 종어 수컷을 선별해 골드 보디의 파스텔 암컷과 크로스하면 치어의 50%가 골드 보디의 파스텔일 것이며, 크기나 활동성에 있어서 아마도 원 파스텔 라인보다 더 뛰어나게 될 것이다.

07
section

네온·다크 블루, 블랙의 색상 차이

이번 섹션에서는 네온 블루(Neon blue), 다크 블루(Dark blue), 블랙(Black)의 색상 차이에 대해 알아본다. 이들의 색상 차이를 살피기 위해서는 세포학적인 측면에서의 차이, 유전적인 측면에서의 차이 등 몇 가지 방식으로 접근할 수 있다.

세포학적인 측면에서의 차이

먼저 세포학적인 측면에서 나타나는 차이를 살펴보자. 물고기의 색소세포(色素細胞, chromatophore)는 크게 다음과 같이 3가지 정도를 들 수 있다. 첫째, 카로티노이드(carotinoid) 계열의 황색소포(xanthophore)나 적색소포(erythrophore) 등의 황색색소세포, 둘째, 멜라닌(Melanin)색소 계열의 흑색소포(melanophore) 또는 흑색색소세포, 셋째, 구아닌(guanin) 계열의 홍색소포(iridophore) 또는 광채색소세포가 그것이다. 물고기의 색은 실로 다양하지만, 모든 색은 위의 세 가지 색소세포의 발현 혹은 조합된 발현에 의해 나타난다. 노란색이나 빨간색 등은 황색색소세포, 검은색이나 각종 옅고 짙은 파란색 등은 흑색색소세포, 반짝이는 색은 광채색소세포로 표현된다.

블랙(Black)

황색세포 계열에서는 색소세포에 침착된 색소가 노란색인지 빨간색인지 하는, 색소의 색상 차이에 의해 결정되는 데 반해 네온 블루(옅은 파란색), 다크 블루(짙은 파란색), 블랙(검은색)은 기본적으로는 모두 멜라닌색소라는 검은색 색소에 의해 발현된다. 다만 한 가지 색소 종류임에도 불구하고 실제 발현에서 큰 차이가 나는 것은, 피부 내에서 색소세포가 위치한 세포층이 다르기 때문이다.

먼저 블랙 테일 턱시도(Black tail tuxedo)의 경우 이들의 꼬리나 허리에서 볼 수 있는 검은색은 멜라닌색소세포가 표피층에 존재하고, 다크 블루는 가장 위에는 무색의 세포나 광채색소세포가 존재한 뒤 그 아래 멜라닌색소가 존재하며, 마지막으로 네온 블루는 멜라닌색소가 다크 블루보다 피부의 더 깊은 층에 존재한다. 멜라닌색소는 빛을 흡수해 검은색으로 보이게 만든다.

다크 블루는 이 멜라닌색소 위에 광채세포나 무색세포가 존재해 빛을 반사, 산란시키기 때문에 푸른색으로 보이는 것이다. 네온 블루는 멜라닌색소세포 위에 다크 블루보다도 더 많은 세포층이 존재하기 때문에 더 많은 반사·산란이 일어나서 마치 하늘색 같은 색상이 나는 것이다. 블랙과 다크 블루의 정도 차이가 다크 블루와 네온 블루의 정도 차이보다 덜하기 때문에 블루가 아니라 블랙에 가깝다고 할 수도 있지만, 세포학적으로는 일단 이렇게 차이가 나기 때문에 분명히 다크 블루는 블랙과 다르고 네온 블루와도 다르다고 할 수 있다.

유전적인 측면에서의 차이

그다음 유전적으로는 블루 델타나 모스코 등에서 보는 다크 블루에 대해서는 다른 형질과의 관계가 어떠한지는 잘 모르겠고, 그냥 그 자체로 파란색이다. 이와 달리 블루 그라스나 네온 턱시도에서 나타나는 맑은 하늘색의 꼬리색은 브라오 유전자 r의 영향으로 레드 테일(R)과의 잡종이 됐을 때, 즉 유전자형이 Rr이 됐을 때 꼬리색이 나타난다. RREA 네온 턱시도, 블루 그라스, 플래티넘 아쿠아마린에서 찾아볼 수 있는 하늘색의 꼬리색이 이와 같이 브라오 유전자의 영향으로 나타나고 있는 색이다. 다만 미국에서 온 HB 블루에서도 옅은 색의 블루를 볼 수 있는데, 이 블루는 마치 네온 턱시도의 푸른 꼬리색처럼 보이기도 하지만, 브라오 인자가 있는 형질일지는 명확하지 않다. 아마 그 자체로 옅은 파란색일 듯하다. 이와 같이 세포학적, 유전적 차이가 있기 때문에 네온 블루의 네온 턱시도와 다크 블루의 HB 블루는 품종으로서도 명확하게 구분돼야 한다.

1. 다크 블루(Dark blue) 2. 네온 블루(Neon blue)

바이컬러, 멀티컬러, AOC의 구분

바이컬러(Bicolor), 멀티컬러(Multicolor), AOC(any of color) 등의 용어는 모두 I.F.G.A.의 콘테스트 클래스 구분에서 사용되는 것이다. I.F.G.A.의 심사기준에 의하면 컬러 클래스(color class)는 기본적으로 꼬리지느러미의 색깔에 따라서 레드(Red), 블루(Blue), 옐로우(Yellow), 퍼플(Purple), 그린(Green), 블랙(Black), 바이 컬러(Bicolor), 멀티(Multi), AOC 등으로 구성돼 있다. 이 중 레드, 블루, 옐로우, 퍼플, 그린, 블랙 등은 각각의 색에 해당하는 단색, 즉 솔리드 테일(Solid tail)을 말한다.

바이컬러, 멀티컬러, AOC는 다음과 같다. 바이컬러는 명확하게 서로 다른 2가지 색이나, 1가지 색일지라도 명암이 확실하게 구분되는 색으로 두 번째 색이 최소 25% 이상 되는 종이다. 멀티컬러는 명확하게 서로 다른 3가지 혹은 그 이상의 색으로 세 번째 색이 최소 15% 이상 되는 종이다. AOC는 어느 곳에도 해당하지 않는 품종이다.

이상 각 용어들에 대한 I.F.G.A.의 정의를 살펴봤다. 품종으로 말하자면 그라스, 모자이크, 레오파드 등에 해당하는 것이 바이컬러, 여기에 다른 색이 더 추가되거나 얼룩이 있는 것이 멀티컬러, AOC는 그야말로 아무 클래스에도 해당하지 않는 품종이며, 바이컬러나 멀티컬러의 턱시도 타입들도 AOC로 분류되고 있는 것 같다.

Tip 알아두면 좋은 구피 사육정보

블루 그라스에서 나오는 레드 그라스의 암컷 구별

그라스 품종은 수컷을 제외하면 암컷의 구별은 사실상 어렵다. 블루에서 나온 레드 그라스는 완전한 레드 그라스 색상에 약간씩 블루 그라스의 색이 혼합된 형태가 많다. 계속 레드 그라스로 세대를 이어가면 점차 완전한 레드 그라스 색상에 가까워진다. 굳이 구분하지 않고 암컷을 사용해도 괜찮다.

모든 블루 색상의 구피에서 레드 색상이 나온다?

그렇지 않다. 브라오의 r유전자의 영향을 받는 블루 품종에서만 레드 형질이 나타나고, 그 외의 블루는 다음 세대에 블루만 나오게 된다.

기형인 개체는 기형만 출산한다?

기형이라고 해서 꼭 기형을 출산한다기보다는 기형개체를 출산할 확률이 높아진다는 것이다. 기형개체라도 기형인 치어를 한 마리도 출산하지 않는 경우도 있지만, 될 수 있으면 기형개체에서는 치어를 받지 않는 것이 좋다.

리본 타입, 롱 핀 타입

리본 타입과 스왈로 타입을 모두 롱 핀이라고 칭하므로 같은 말이라고 할 수 있다.

암컷 구피의 수정과 출산

암컷 구피는 한 번 수정을 하면 체내에 수컷의 정자를 보관하는 능력이 있어서 여러 번 출산이 가능하다고 한다. 하지만 출산 후 다른 수컷과의 수정이 이뤄지면 먼저 교미한 수컷의 정자와 섞여서 출산하게 된다. 이러한 이유로 치어 때 암수를 구분해서 사육하는 것이고, 한 번 수정된 암컷을 다른 수컷과 교배해서 새끼를 받으려면 최소한 3배는 출산한 뒤 수정시켜야 한다.

RREA와 골든의 차이

골든(Golden)과 RREA는 일단 전신체색 타입으로서 골든은 특정 부분에 금색이 들어가는 것을 가리키는 것은 아니다. 알비노 타입처럼 전신체색이 빠지는데 다만 눈이 검은 것이고, RREA는 눈이 빨간색이 되는 것이다.

약품과 불임

항생제를 사용할 경우, 사람의 항생제를 대충(체중 대비 과량) 장기간 투여할 시 부작용이 발현될 것은 자명하다. 모든 항생제가 균을 죽이지만, 개체의 세포, 특히 세포분열이 활발한 세포(백혈구, 혈소판, 정자, 난자 등)에 동시에 손상을 주게 됨으로써 나중에는 번식률이 떨어지고 면역성이 저하돼 일찍 도태하게 된다. 따라서 될 수 있으면 사용하지 말아야 한다.

핑구와 개량

핑구는 우선 단위형질이 아니라 턱시도이면서 핑크 형질이 붙은 형질이다. 핑크는 열성이기 때문에 다른 품종과 교잡하면 1대에서는 검은 턱시도의 형질이 나오게 된다. 그리고 핑구 자체가 발현이 되면 꼬리를 와일드 타입으로 만들어 버리는 성질이 있기 때문에 좋지 않아서 다른 종의 개량을 위해 사용되는 경우는 없다고 할 수 있다.

구피 치어의 먹이급여

브라인슈림프의 경우 먹은 지 20분 정도면 소화가 다 된다고 알려져 있다. 한 번에 많은 양을 주는 것보다 적은 양이라도 자주 급여하는 것이 좋고, 다른 먹이도 마찬가지로 적게 여러 번 급여하는 것이 좋다. 먹이마다 차이는 있지만, 계속 먹어댄다면 소량씩 여러 번 나눠서 주는 것이 좋다. 다만 먹지 못하고 남은 먹이가 쌓이게 되면 수질 악화로 이어지므로 유의해야 한다.

유목과 pH의 하강

수조에 산호사를 한 주먹 정도 넣어 섞어주면 유목으로 인한 pH 하강을 막을 수 있다. 그리고 환수를 자주 해주는 구피 수조의 경우 pH는 그다지 신경 쓰지 않아도 된다.

Chapter 07

구피의 유전

멘델의 법칙을 비롯한 여러 가지 유전의 형태와 변종 구피 번식시키는 법, 일롱게이티드 유전자 등 구피의 복잡한 유전자에 대해 알아본다.

01
section

유전의 형태

품종의 개량에 있어서 유전을 모르고서는 구피를 알기 어렵고, 설사 개량이 이뤄진다고 해도 이해하지 못한다. 구피에 적용되는 유전자들은 무수히 많으며, 이러한 인자들을 이용해 수많은 품종이 개량돼 왔다. 각양각색의 구피가 갖고 있는 색은 유전자에 의한 발색의 표현이다. 아직 구피의 유전자가 모두 밝혀지지는 않았기 때문에 사육과 개량에 있어서 더더욱 재미있는 요소가 많다고도 할 수 있다.
유전에 관한 이야기만 나오면 어려워하고 골치 아파하는 분들이 많다. 사실 유전은 상당히 어렵고, 필자 또한 솔직히 자세히는 알지 못한다. 다만 구피를 사육하는 데 있어서 상세한 유전법칙까지는 몰라도 아주 기본적인 유전지식만큼은 알고 있는 것이 좋다. 이것을 알아둬야만 유전에 관한 다른 글도 최소한 이해가 가능하기 때문이다. 유전에 대한 지식 없이 훌륭하게 구피를 길러내는 분들도 많다. 구피는 열성 유전자와 돌연변이가 무수히 존재하므로 유전에 대해 많이 알고 있어도 어려운 건 마찬가지다. 유전에 대해서는 너무 부담을 갖지 말고, 될 수 있으면 자신이 사육하는 품종의 기본적인 유전자들만이라도 알아둔다는 마음으로 사육하길 바란다.

풀 레드(Full red)

멘델의 법칙(Mendelian genetics)

구피의 유전에 있어서 가장 기본이 되는 법칙은 우열의 법칙(law of dominance), 분리의 법칙(law of segregation), 독립의 법칙(law of independence)으로 세분되는 멘델의 유전법칙(Mendelian genetics; 현대 유전학의 가장 중요한 초석이 되는 법칙 중 하나)이다.

■**우열의 법칙**(law of dominance) : 일반 체색의 유전자를 A, 알비노의 유전자는 a라고 한다. 이들을 교배시키면 자손 제1대는 다음과 같이 Aa의 유전자 쌍을 갖는다.

P(parental : 부모)····························AA(보통 체색) X aa(알비노 타입)

F(first filiall : 1대 자손)························Aa(보통 체색)

그런데 Aa의 자손은 실제로 보통 체색을 나타낸다. 이와 같이 F1에 나타나는 형질을 우성형질(dominant trait), 나타나지 않는 형질을 열성형질(recessive trait)이라 하고, F1에 우성형질만 나타나는 것을 우열의 법칙이라 한다. 즉 서로 대립하는 형질인 우성형질과 열성형질이 있을 때 우성형질만이 드러난다는 법칙이다.

■ **분리의 법칙**(law of segregation) : 앞서 언급한 F1의 새끼들을 동배교배시킬 경우, Aa의 유전자 쌍을 가진 F1은 A와 a의 유전자를 가진 난자 또는 정자(이것을 배우자라 한다)를 같은 비율로 만들게 되고, 자손 제2대에서는 각각 AA, Aa, aA, aa의 유전자 쌍을 가진 새끼들이 같은 비율로 나온다. Aa와 aA는 동일하므로 AA, Aa, aa의 세 가지 유전자 쌍이 1:2:1의 비율로 출현하는 셈이 된다.

F1····························Aa(보통 체색) X Aa(보통 체색)

F2····························AA(보통 체색) : Aa(보통 체색) : aa(알비노) = 1 : 2 : 1

여기에서 Aa는 우열의 법칙에 따라 AA와 똑같이 보통의 체색을 나타낸다. aa는 알비노가 되므로 표현형으로는 보통 체색과 알비노가 3:1로 분리된다. 이와 같이 대립되는 유전자가 배우자가 될 때 같은 비율로 분리돼 다른 유전자와 합쳐지는 것을 분리의 법칙이라 한다. 즉 유전자가 부모로부터 자손에게 전달되는 과정 동안 임의의 유전자에 속하는 2개의 대립유전자는 서로 분리된다는 법칙이다.

■ **독립의 법칙**(law of independence) : 두 가지 이상의 유전자가 관여하는 유전형질의 경우, 각각의 유전자는 따로따로 우열의 법칙과 분리의 법칙을 따른다는 것이 독립의 법칙이다. 구피에 있어서 골든 타입의 체색을 가진 구피와 알비노 타입 구피를 교배시키면 F1은 보통 체색이 되고, 그들의 F2는 보통 체색이 9, 골든이 3, 알비노 3, 알비노 골든이 1로서 9 : 3 : 3 : 1의 비율로 나타난다.

검정교배(test cross)

표현형으로는 열성유전자 보유 여부를 알 수 없는 개체를 시험 삼아 교배시켜 나오는 새끼들의 표현형을 보고 어미의 유전자형(genotype)을 확인하는 것을 검정교배(檢定交配, test cross)라 한다. 보통 체색을 나타내므로 AA인지 Aa인지 알 수 없는 F1을 다시 알비노(aa)와 교배시켜 새끼들의 표현형을 보면 어미의 유전자형을 알아낼 수 있다. Aa와 aa를 교배시키면 Aa와 aa가 1:1이 되므로 표현형으로 볼 때 보통 체색과 알비노가 동일 비율로 나타난다. Aa와 aa를 교배시키면 제1대는 Aa가 되므로

하프 블랙 파스텔(Half black pastel)

전부 보통 체색이 된다. 따라서 새끼들 중에 절반 정도 알비노가 나온다면 검정교배에 쓰인 보통 체색의 어미는 알비노 유전자를 가지고 있음이 분명해진다.

불완전 우성(incomplete dominance)

대립되는 유전자 간에 우성과 열성이 분명하지 않은 경우가 있다. 이럴 경우 F1은 다른 유전자의 영향을 받는 등 여러 가지 요인에 따라 다른 표현형을 나타내는데, 이것을 불완전 우성이라 한다. 구피에 있어서는 블루 계통의 유전자가 이에 해당한다. 우성인 붉은색의 유전자 RR과 푸른색을 나타내는 열성의 rr을 교배시키면 F1은 Rr의 유전자 쌍을 가져 전부 붉은색의 표현형을 보일 것으로 기대할 수 있다. 그러나 실제로는 푸른색을 띠는 개체가 나오기도 한다. 이와 같이 부분적으로 열성과 우성 간의 법칙이 적용되지 않을 때를 일컬어 불완전 우성이라 한다.

반성유전(sex-linked inheritance)

반성유전(伴性遺傳, sex-linked inheritance)이란 특정 형질을 나타내는 유전자가 성염색체에 들어 있을 경우 문제의 형질이 성별과 관련돼 나타나는 것을 말한다. 구피의 체색은 상염색체에 속해 있지만, 코브라, 메탈, 플래티넘, 턱시도의 패턴이나 특징은 반성유전에 속한다. 즉 코브라의 패턴을 결정하는 유전자는 수컷의 Y염색체에 들어 있고, 턱시도는 암수의 X와 Y유전자에 의해 나타난다.

한성유전(sex-limited inheritance)

자웅에 공통인 성염색체(X또는 Z)에 들어 있는 유전자에 의해 일어나는 유전은, 반성유전에서 설명한 바와 같이 자웅에 따라 형질이 나타나는 방식이 서로 다르다. 그러나 어느 한쪽 성에만 존재하는 성염색체(Y또는 W)에 들어 있는 유전자에 의해 유전되는 형질은 그것을 가지는 성에 한해서만 나타난다. 이를 한성유전(限性遺傳, sex-limited inheritance)이라고 한다.

체색에 따른 유전자형

알비노를 A, 골든을 B, 타이거를 G, 레드 그레이를 R로 표현하면 구피의 유전 형태는 AABBGGRR로서 알비노는 aaBBGGRR, 골든은 AAbbGGRR, 블루는 AABBGGrr, 타이거는 AABBggRR, 슈퍼 화이트는 aabbGGrr, 하프 브라오(짙은 청색)는 AABBGGRr이 된다.

롱 핀의 유전 형태

롱 핀(Long pin) 타입 중 리본의 유전형은 LL이고, 노멀은 ll로서 리본이 우성이다. 따라서 순계의 리본과 노멀을 교배시키면 이들의 F1은 Ll로 전부 리본이 된다. 그러나 리본의 수컷은 교잡을 할 수 없으므로 언제나 암컷을 노멀 타입과 교배시켜야 하며, 이 암컷의 유전형질은 Ll인 것이 보통이다. 이렇게 해서 F1을 얻으면 Ll과 ll이 1:1의 비율로 나오게 된다.

스왈로 타입의 유전 형태

스왈로(Swallow)의 유전자는 KKss이고 노멀의 유전자는 kkSS인데, K는 지느러미가 불

스왈로 포크 타입 구피

규칙하게 길게 자라는 유전자 칼림마(kalymma)에서 딴 것이다. S는 K에 대한 억제유전자(suppressor; 어떤 형질의 발현을 억제하는 돌연변이 유전자)의 머리글자로, 지느러미가 자라지 못하게 하는 유전자다. K에 대한 열성유전자 k는 노멀의 지느러미를 나타낸다. 즉 Kk라는 유전 형태를 가지는 물고기는 전부 스왈로 타입이 되는 것인데, 문제는 억제유전자 S가 작용해 K유전자를 갖고 있어도 실제 표현형은 노멀 타입이 되고 만다.

일반적으로 스왈로나 리본 등의 롱 핀 타입은 수컷이 교미를 할 수 없기 때문에 암컷을 노멀 수컷과 짝지어 주게 된다. 이때 부모 P의 유전자는 kkSS X KKss가 되고, 이들 사이에서 나오는 F1은 전부 KkSs의 유전자 형태로 노멀이 된다. 이들 F1을 근친교배하면 F2에서 KKSS; 1, KKSs; 1, KkSS; 2, KkSs; 5, KKss; 1, Kkss; 2, kkSS; 1, kkSs; 2, kkss; 1의 비율로 나타난다. 이 중 KKss와 Kkss만이 스왈로 타입의 표현형을 보인다. 표현형의 비율은 노멀과 스왈로가 13:3으로 18.75%만이 스왈로 타입이 된다. 이와 같은 유전 형태를 '억제유전(抑制遺傳)'이라고 한다. 억제유전자가 ss가 돼 발현되지 않아야 칼림마 유전자가 발현될 수 있는 유전 형태다.

그런데 앞의 내용 가운데서 헛갈리는 부분은 '롱 핀 타입은 수컷이 교미를 할 수 없기 때문에 암컷을 노멀 수컷과 짝지어 주게 된다. 이때 부모 P의 유전자는 kkSS X KKss가 되고, 이들 사이에서 나오는 F1은 전부 KkSs의 유전자 형태로 노멀이 된다'는 것이다. 사실 스왈로 타입을 번식시킬 때 모든 경우가 위의 예처럼 kkSS X KKss로 붙는 것이 아니기 때문에 스왈로는 번식을 시켜도 1대에서는 무조건 노멀 타입이 나온다고 생각해서는 안 될 것 같다. 스왈로에서 번식돼 나온 개체들의 유전 형태는 KKSS, KKSs, KKss, KkSS, KkSs, Kkss, kkSS, kkSs, kkss의 형태 가운데 하나이며, 그 중 kkSS는 일반적인 노멀 타입 구피의 유전 형태와 같다.

스왈로를 번식시킬 때 일단 암컷은 스왈로의 표현형을 가지고 있게 되므로 유전자 형태는 Kkss 혹은 KKss다. 그리고 수컷은 같은 배의 노멀 타입일 것이므로 KKSS, KKSs, KkSS, KkSs, kkSS, kkSs, kkss 가운데 하나가 되는 것이다. 1대에서 스왈로가 나오려면 수컷의 유전자는 반드시 열성의 s를 가지고 있어야 할 것이다. SS는 아니고 Ss이거나 ss가 된다. 즉 KKSS, KkSS, kkSS는 아니고 KKSs, KkSs, kkSs, kkss의 유전 형태 가운데 하나여야 1대에서 스왈로 타입이 번식돼 나오는 것이다.

스왈로 타입이 번식해서 1대에 스왈로 타입이 나오려면 암; KKss, Kkss X 수; KKSs, KkSs, kkSs, kkss의 경우로 붙었다는 것이 된다. 이를 계산해 보면 암(1, 2) X수(1, 2, 3, 4)로서 간단히 나타내면 1X1, 1X2, 1X3의 경우 1대 자손의 50%가 스왈로 타입이 되고, 1X4의 경우 1대 자손의 100%가 스왈로 타입이 된다. 또 2X1, 2X2, 2X3의 경우 1대 자손의 25%가 스왈로 타입이 되고, 2X4의 경우 1대 자손의 50%가 스왈로가 된다. 심지어는 1대에서 100%가 스왈로 타입으로 나올 가능성도 있다.

그러면 수컷의 유전자 형태가 KKSS, KkSS, kkSS인 경우는 어떨까. 이 경우는 1대 자손의 모든 개체가 노멀 타입이 되고, 이들을 동배교배시켜 2대에서 스왈로 타입을 기대해야 한다. 그 확률은 암(Kkss, KKss)X수(KKSS, KkSS, kkSS) = 암(1, 2)X수(1, 2, 3)라고 했을 때 1X1; 25%, 1X2; 18.75%, 1X3; 13.89%, 2X1; 25%, 2X2; 25%, 2X3; 18.75%가 된다.

스왈로 타입의 구피들

02
section

변종 구피의 번식

변종 구피를 작출하는 데 있어서의 기본은, 수컷의 한성유전자에 대해 암컷의 우성 유전자를 사용해서 꼬리지느러미의 패턴이나 형태가 다른 변종을 만드는 것이다(이것이 가장 대중적인 브리딩이라고 할 수 있다). 킹코브라(Kingcobra), 올드 패션(Old fashion), 플래티넘(Platinum), 메탈(Metal), 아콰마린(Aquamarin), 코럴(Coral) 등에 있어서 한성 유전자가 꼬리지느러미에 미치는 영향력과 그 특징은 다음과 같다.

한성유전자 = 킹코브라(Yc)

킹코브라(Kingcobra)의 Y염색체에 존재하는 코브라의 유전자(Yc)는 보디에 표현되는 코브라 패턴뿐만 아니라 꼬리지느러미의 패턴에도 영향을 미친다. 킹코브라의 꼬리지느러미 패턴을 다양하게 만들려고 한다면, 코브라 유전자의 꼬리지느러미에 대한 영향력을 생각해서 번식을 시도하는 것이 중요하다고 하겠다. 코브라의 유전자는 다른 품종이 지니고 있는 특정한 유전자에 대해서 그 유전자가 선명하게 표현되도록 작용하는 역할을 하는 것으로 알려져 있다.

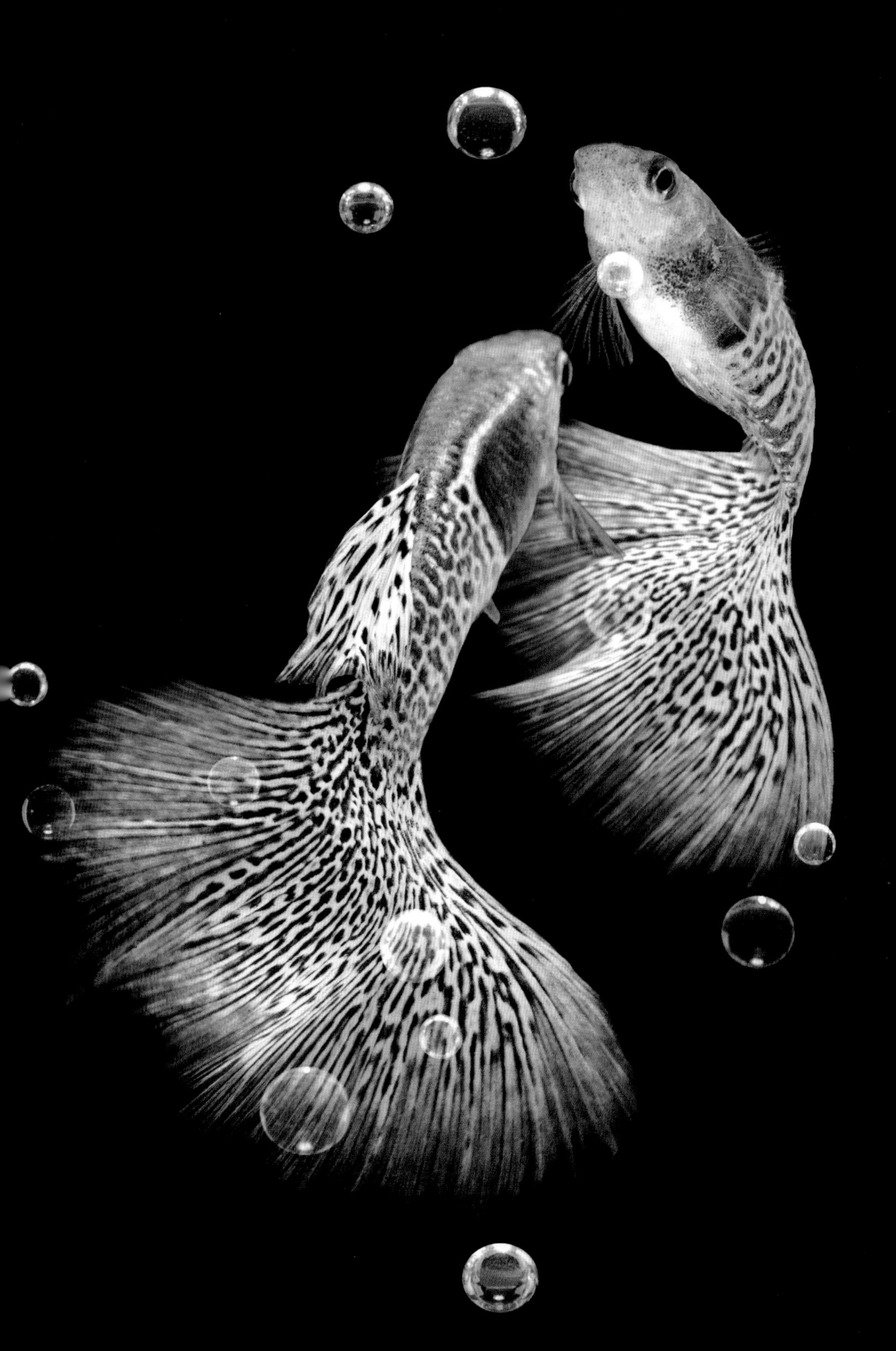

그라스(Grass) 믹스 품종

킹코브라(XYc) X 모자이크 = 모자이크 코브라(Mosaic cobra)

킹코브라(XYc) X 블루 그라스 = 블루 그라스 코브라(Blue grass cobra)

킹코브라(XYc) X 레드 테일 = 레드 테일 코브라(Red tail cobra)

한성유전자 = 올드 패션(Yof)

올드 패션(Old fashion)의 보디 패턴은 비엔나 에메랄드(Vienna emerald)와 비슷하다고 말하고 있다. 비엔나 에메랄드의 수컷에 모자이크(Mosaic)의 암컷을 2회 이상 교배시키면(1대에 나온 새끼들 중 수컷을 다시 모자이크와 교배시킨다는 뜻), 올드 패션 팬 테일(Old fashion fan tail)의 수컷과 모자이크의 암컷을 2회 이상 교배해서 나오는 올드 패션 모자이크(Old fashion mosaic)와 같은 표현형의 개체가 출현한다는 사실이 확인돼 있다. 결국 올드 패션과 비엔나 에메랄드는 조상이 같은 것이 아닐까 생각된다. 순계의 올드 패션 수컷에서 나타나는 보디 패턴과, 타 품종의 암컷과 교잡시킨 올드 패션 변종들에서 볼 수 있는 보디 패턴은 차이점이 있다.

올드 패션(XYof) X 모자이크 = 올드 패션 모자이크(Old fashion mosaic)

올드 패션(XYof) X 블루 그라스 = 올드 패션 블루 그라스(Old fashion blue grass)

올드 패션(XYof) X 레드 테일 = 올드 패션 레드 테일(Old fashion red tail)

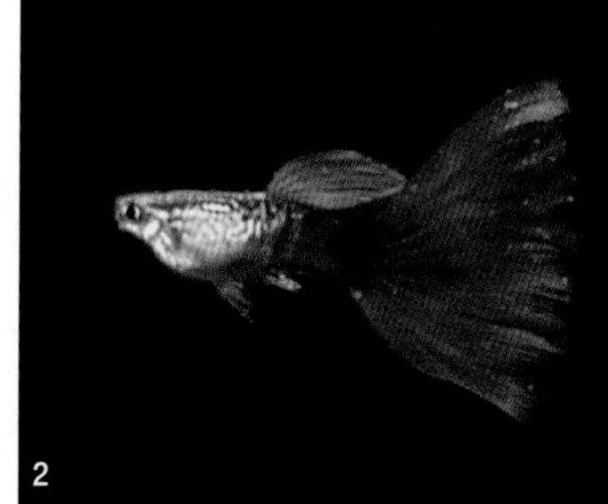

1. 킹코브라 2. 올드 패션 레드 3. 플래티넘 화이트

한성유전자 = 플래티넘(Yp)

플래티넘(Platinum) 유전자를 가진 수컷 구피의 변종을 만드는 것은, 코브라나 올드 패션의 경우와 같이 간단하게 이뤄지지 않는 작업이다. 왜냐하면 플래티넘의 유전자는 꼬리지느러미를 반 솔리드화시키는 역할을 하기 때문이다. 그래서 특히 플래티넘 블루 그라스(Platinum blue grass) 등은 만들기가 매우 어려운 품종이라고 할 수 있다.

플래티넘 계통의 암컷은 꼬리지느러미에 메탈릭한 광채가 있는 개체가 출현하는 점으로 미뤄봤을 때, 플래티넘 유전인자는 단순히 수컷의 Y염색체에만 있는 것이 아니라 상염색체에 어떠한 영향력을 주는 유전인자가 존재하는 것이 아닌가 생각된다.

플래티넘(XYp) X 레드 테일 = 플래티넘 레드 테일(Platinum red tail)

플래티넘(XYp) X 모자이크 = 플래티넘 모자이크(Platinum mosaic)

플래티넘(XYp) X 블루 그라스 = 플래티넘 블루 그라스(Platinum blue grass)

한성유전자 = 메탈(메탈 코브라, Ymc)

메탈(Metal)은 메탈 코브라(Metal cobra, Ymc)와 풀 메탈(Full metal, Ym)이 있는데, Ymc 유전자형의 메탈은 코브라의 유전자를 갖고 있기 때문에 킹코브라(Kingcobra)와 같이 코브라의 유전자가 꼬리의 패턴에 영향을 미친다. 이런 점을 염두에 두고 변종을 개량할 수 있다. 또한, Ymc 유전자형의 메탈은 상반신부터 몸통 끝까지 메탈의 영향력을 갖고 있다고 할 수 있다.

1. 메탈 코브라 **2.** 아콰마린 레드 모자이크
3. 알비노 코럴 레드

메탈(XYmc) X 블루 그라스 = 메탈 블루 그라스

메탈(XYmc) X 저먼 옐로우 테일 = 메탈 저먼 옐로우 테일

메탈(XYmc) X 모자이크 = 메탈 모스코(메탈 모자이크가 아닌 메탈 모스코란 점에 주의한다)

한성유전자 = 아콰마린(Yj)

다른 한성유전자가 상반신에서 하반신으로 영향을 주는 것에 반해 아콰마린(Aquamarine)은 하반신에서 상반신으로 영향을 주는 유전자다. 아콰마린의 유전자는 다른 한성유전자와 비교해서 꼬리지느러미에 별다른 영향력을 미치지 않아 모자이크나 그라스의 변종을 만들기 쉬운 품종이다.

그러나 아콰마린 레드 테일(Aquamarine red tail)의 경우는 아콰마린의 유전자가 영향을 주는 옐로우 컬러가 레드 테일의 색깔에도 영향을 미쳐 옐로우 컬러의 영향을 갖는 레드 테일(Yellowish red tail)이 되고 만다. 또한, 아콰마린 레드 그라스(Aquamarine red grass)의 작출은 매우 어려운 것으로 알려지고 있다.

아콰마린(XYj) X 블루 그라스 = 아콰마린 블루 그라스(Aquamarine blue grass)

아콰마린(XYj) X 모자이크 = 아콰마린 모자이크(Aquamarine mosaic)

아콰마린(XYj) X 레드 테일 = 아콰마린 레드 테일(Aquamarine red tail)

한성유전자 = 코럴(Yeo)

코럴(Coral)은 플래티넘 유전자의 변화에 따라서 나타나는 플래티넘(Platinum)의 일종이다. 코럴의 유전자는 플래티넘의 유전자와 비교했을 때 꼬리지느러미에 미치

블루 그라스(Blue grass)

는 영향이 상대적으로 적기 때문에 메탈 블루 그라스(Metal blue grass) 또는 메탈 모자이크(Metalmosaic)에 비해 코럴 블루 그라스(Coral blue grass) 또는 코럴 모자이크(Coral mosaic)를 작출하는 것이 훨씬 용이한 편이다. 또한, 코럴의 유전자에 코브라의 유전자가 합해질 경우 코럴 코브라(Coral cobra)가 탄생하는 것이 아니라 코럴 메두사(Coral medusa; XYc)가 생겨난다.

코럴(XY co) X 모자이크 = 코럴 모자이크(Coral mosaic)

코럴(XY co) X 레드 테일 = 코럴 레드 테일(Coral red tail)

코럴(XY co) X 블루 그라스 = 코럴 블루 그라스(Coral blue grass)

코럴 메두사(X Yc) X 블루 그라스 = 코럴 메두사 블루 그라스(Coral medusa blue grass)

코럴 메두사(X Yc) X 레드 테일 = 코럴 메두사 레드 테일(Coral medusa red tail)

코럴 메두사(X Yc) X 모자이크 = 코럴 메두사 모자이크(Coral medusa mosaic)

03
section

구피 유전자의 이해

하나의 고유한 형질을 결정하는 유전의 단위를 유전자(遺傳子, gene)라고 한다. 유전자는 각 개체의 세포에 있는 염색체에 쌍으로 존재하는데, 이때 서로 대립관계를 이루고 있는 유전자를 대립유전자(對立遺傳子, allelic gene or allele)라고 한다. 각 개체의 생식세포는 감수분열에 의해 만들어지기 때문에 한 쌍의 대립유전자 중에서 하나만을 가지게 된다. 염색체는 세포가 분열할 때 세포의 핵 내에서 막대 모양의 형태로 나타나며, 각 생물들이 가지고 있는 염색체 수는 종에 따라 다르다.

사람의 염색체 수는 46개로 절반인 23개는 정자를 통해서 아버지로부터 받은 것이고, 나머지 절반은 난자를 통해 어머니로부터 받은 것이다. 이들 23개의 염색체는 모양과 크기가 같은 것으로 쌍을 이루고 있는데, 이러한 염색체를 상동염색체(相同染色體, homologous chromosome)라고 한다. 구피는 사람과 마찬가지로 46개의 염색체를 가지고 있다. 수컷의 경우는 44개의 상염색체 이외에 서로 다른 두 개의 성염색체(性染色體, sex chromosome)를 가지고 있고(44A+XY), 암컷의 경우는 44개의 상염색체 이외에 서로 같은 두 개의 성염색체를 가지고 있다(44A+XX).

풀 레드(Full red)

성염색체 상의 유전자

쉽게 말하자면, 구피의 성을 결정하는 유전자로서 X, Y로 구성돼 있다. 수컷은 XY라고 하는 두 개가 다른 유전자를 가지고 있고, 암컷은 XX로 X염색체를 이중으로 가지고 있다. Y염색체 유전자는 수컷에서 수컷으로만 유전된다. 수컷의 다양한 발색과 멜라닌색소는 이 Y염색체 유전자에 의한 것이다. 1쌍의 구피는 1개의 Y염색체 그리고 3개의 X염색체 유전자를 갖게 된다. Y염색체는 수컷에서 수컷으로만 전해지지만 X염색체는 교배에 의해 암수를 이동하기 때문에, 이 3개의 X염색체는 같은 것으로 구성돼 있지 않으면 일반적으로 품종으로 인정되지 않는다.

■ **Y염색체에도 X염색체에도 있는 성염색체** : Y염색체와 X염색체는 각각 다른 것이지만, 예외로 Y염색체에도 X염색체에도 존재하는 유전자가 있다. 그중에서도 턱시도와 모자이크는 두 개의 다른 유전자보다 우선해 표현이 나타난다. 턱시도(Tuxedo), 모자이크(Mosaic), 그라스(Grass) 등을 들 수 있다.

■Y염색체 상의 유전자 : 수컷에서 수컷으로만 유전되는 것으로 한성유전이라고 한다. 메탈(Metal), 플래티넘(Platinum), 아콰마린(Aquamarine), 코브라(Cobra) 등을 들 수 있다.

■X염색체 상의 유전자 : 수컷은 1개, 암컷은 2개의 X염색체로 구성된다. 레이스(Lace), 레드 테일(Red tail), 블루 테일(Blue tail) 등을 들 수 있다.

상염색체 상의 유전자

성 결정에 관여하는 성염색체 이외의 염색체를 상염색체(常染色體, autosome) 또는 보통 염색체라고도 한다. 구피의 상염색체는 통상 AABBGGRR과 같이 알파벳의 대문자로 표기되는 우성유전자로 갖춰져 있다. 이 표현은 야생 체색, 즉 회색이다(성염색체에 의한 유전은 고려하지 않는다). 그런데 열성유전자가 1쌍 갖춰졌을 때 그 표현은 다른 것이 된다. 표기상은 aabbggrr, 표현은 알비노 골든 타이거 브라오지만, 1/4X4X4X4라고 하면 거의 없는 것이 돼버리므로 4중 열성의 구피가 출생하는 확률은 없다.
AA와 같이 우성유전자로 굳어지고 있는 경우를 우성호모, aa를 열성호모라고 한다. Aa와 같이 우성, 열성의 유전자를 1개씩 가지고 있는 경우는 헤테로(hetero)라 불린다. 이 경우 표현은 우성과 같은 야생 체색이지만, Aa끼리의 교배에서는 이론상 1/4 우성호모, 2/4 헤테로, 1/4 열성호모의 새끼가 출생한다. 구피의 아름다운 발색(예외도 많지만)은 성염색체 상의 유전자와 상염색체의 열성호모에 의해 표현된다. 상염색체와 성염색체의 어느 쪽에도 공통되는 것이지만, 체색에 관한 것에 한정하지 않고 각각의 형상에 관련되는 유전자도 존재한다. 구체적으로 말하면 성염색체 상의 에론가트스(El), 상염색체 상의 일롱게이티드(Fa) 등의 유전자가 그것이다.

교차에 의한 유전자의 이동

그동안 수컷으로만 유전되는 한성유전으로 알려진 여러 품종 중 최근에는 암컷을 통해서도 유전되는 경우가 많이 발견되고 있다. 메탈, 코브라, 플래티넘 등이 그 예라고 할 수 있다. 이와 같이 유전 형태가 변화하는 것은 수컷의 Y염색체 위에 있는 유전자가 X염색체 위로 옮겨가는 교차(crossing over) 현상이 나타났기 때문이라고 할

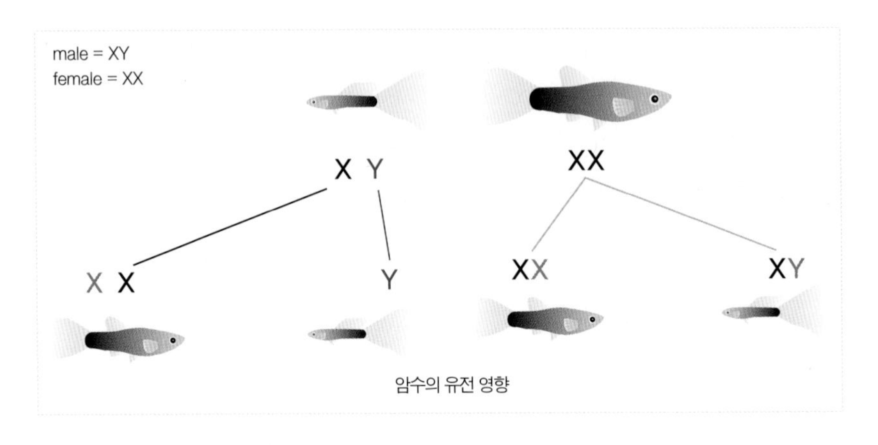

암수의 유전 영향

수 있다. 구피의 염색체는 사람하고 똑같이 22쌍의 상동염색체와 한 쌍의 성염색체(구피의 경우 암컷 XX, 수컷 XY)로 이뤄져 있는데, 이 염색체들은 정자와 난자를 만들기 위해 정소와 난소에서 생식세포분열(감수분열; 염색체의 수가 반으로 줄어드는 세포분열)이 일어날 때 각각의 염색체 쌍끼리 결합했다가 다시 떨어지는 과정을 거치게 된다. 이 과정에서 염색체 쌍끼리 서로 유전자를 교환하게 되는데, 이것이 바로 교차다.

유전자 기호로 표시하자면, 코브라의 경우 코브라의 유전자가 수컷의 Y염색체 위에 있고 코브라(Cobra)의 c를 따서 XYc(암컷은 코브라 유전자를 가지고 있지 않으므로 XX)로 표시하는데, 교차가 일어난 경우 XYc와 XX뿐만 아니라 XcX나 XcYc 같은 것이 생길 수도 있다는 것이다. 이러한 교차현상은 생물에 있어서는 다양한 유전자의 조합을 갖는 염색체를 만들어 종의 다양성을 유지하게 하고, 결과적으로 열성의 유전자 발현을 억제하는 역할을 함으로써 생물의 종을 유지할 수 있도록 한다. 이와 같은 교차는 사람을 비롯한 다양한 생물에서 흔하게 나타나는 현상으로, 구피의 XY유전자에 있어서도 교차가 일어난다는 것 또한 자연스러운 현상으로 볼 수 있다.

참고로, 위의 교차현상과 마찬가지로 한 유전자가 원래의 위치에서 다른 염색체로 이동해 가는 현상으로서 전좌(轉座, translocation)라는 것이 있다. 전좌는 '어떤 이유'로 염색체가 끊어져서 끊어진 염색체의 조각이 다른 염색체에 가서 들러붙게 되는 것이다. 전좌가 교차와 다른 점은, 교차는 생식세포분열 과정 중에 나타날 수 있는 현상이고 유전자가 상동염색체 쌍의 다른 쪽과 교환이 이뤄지는 것으로 생식에 문제가 없지만, 전좌는 상동염색체 쌍이 아닌 전혀 다른 염색체에 가서 들러붙는 것으로 염색체의 구조가 완전히 달라져서 생식에 심각한 문제를 초래할 수도 있다는 것이다. 동물을 개량하는 과정에서 돌연변이를 유발하기 위해 X선을 쬐는 경우가 드물게 있는데, 이 X선을 쬐는 것이 바로 앞서 언급한 '어떤 이유'에 해당한다. X선을 쬠으로써 염색체의 절단을 유발해 잘려진 조각이 없어지거나(결손), 똑같은 부분이 또 생기거나(중복), 거꾸로 뒤집어져서 제자리에 붙거나(역위), 다른 염색체에 들러붙거나(전좌) 하도록 만들어서 염색체 수준에서의 돌연변이를 유발하는 것이다.

이와 같이 염색체의 절단을 유발하는 것으로는 X선 및 그 밖의 방사선, 수많은 화학물질이나 일부 항생제 그리고 박테리아 감염 등을 들 수 있다. 이렇게 유전자의 재조합이 일어난 경우 생식세포분열 과정에 지장을 초래하기 때문에 번식이 불가능하게 되거나 심한 기형의 자손이 나올 수 있다고 한다.

귀선유전(reversion atavism)

귀선유전(歸先遺傳, reversion atavism) 혹은 격세유전(隔世遺傳), 환원유전(還元遺傳), 선조복귀현상(先祖復歸現狀) 등으로 표현하곤 하는데, 쉽게 말하면 여러 대의 교잡이 이뤄진 뒤에 원래의 선조에게 있었던 유전적 특징이 나타나는 현상을 가리키는 말이다. 닭을 예로 들자면, 서로 다른 두 타입의 벼슬을 가진 닭을 교잡했을 때 야생 닭의 벼슬 형태가 나오게 되는 경우가 해당한다. 구피에서 나타나는 예로서는, 블루 등에서 찾아볼 수 있는 몸통의 붉은 점이나 아쿠아마린에서 나타나는 몸통의 검은 점 등이 이러한 현상으로 설명되고 있다(와일드 타입의 가장 큰 특징이 orange spot, black spot이라고 해서 이런 붉은 점과 검은 점이고, 이 점들의 형태, 배열, 색 등에 따라서 와일드 타입도 분류한다).

모든 개량품종을 섞고 또 섞고 또 섞으면 결국에는 와일드 타입에 가까운 개체가 나오게 되는 경향도 이러한 현상으로 설명될 수 있을 것 같다. 참고로, 아쿠아마린은 와일드 타입일 경우에만 재팬 블루(Japan blue)라고 부른다. 예전에 사육했던 플래티넘 아쿠아마린의 경우는 번식하는 과정에서 와일드 타입인 재팬 블루가 계속해서 나왔고, 와일드 타입으로 발현이 되면서 와일드 타입의 특징인 몸통의 검은 점들이 모두 나타났으며, 와일드 타입이 아닌 플래티넘 아쿠아마린에서는 나타나지 않았다.

일롱게이티드 유전자를 싱글로 가지고 있는 개체

니그로카우다투스(Nigrocaudatus) 유전자

1947년 니벨린(Nybelin)이란 학자가 X염색체 위의 턱시도 유전인자를 최초로 기록한 사실이 있고, 그 후 1959년에 드쯔비로(Dzwillo)가 Y염색체 위에 있는 턱시도 유전인자를 발견했다. 저먼 옐로우 테일 턱시도가 1969년도에 처음 일본에 수입됐다고 하는데, 당시에 수입된 개체들은 Y염색체 위에 턱시도의 유전인자가 있었다고 한다.
몇 종을 제외한 대부분의 턱시도가 X염색체 위에 턱시도 유전인자를 가지고 있다. 그래서 일부 사람들은 저먼(German)의 변종 중에서 메탈이나 플래티넘들은 인정할 수 없다고 주장한다. 즉 수컷으로만 유전되는 메탈이나 플래티넘의 경우 이를 만들기 위해서는 턱시도의 암컷과 교잡해야 하고, 그 결과로 당연히 Y염색체 위에는 턱시도의 유전자가 없을 것이므로 저먼이란 이름을 붙일 수 없다는 주장이다.
참고로, 흔히들 턱시도의 유전자를 tu로 표기하는데, 이는 일본에서 편하게 사용하기 위해 임의로 붙인 것이다. 정확한 명칭은 니그로카우다투스(Nigrocaudatus)라고 하므로 턱시도 유전자의 표기명을 앞으로는 N이라고 하는 것이 옳을 것 같다.

일롱게이티드 유전자를 더블로 가지고 있는 개체

일롱게이티드(Elongated) 유전자

일롱게이티드(Elongated; Fa 유전자)는 지느러미를 길게 신장시키는 유전자지만, 실제로는 등지느러미와 배지느러미 등에만 영향을 미친다. 언급했듯이, 일롱게이티드 유전자는 지느러미를 길게 신장시키는 작용을 하는데, 그 작용에도 유전자를 하나(single)만 갖고 있을 때와 두 개(double)를 갖고 있을 때 차이가 있다. 더블의 경우 꼬리가 삼각형을 이루지 못하고 가운데 부분이 신장하는 특징을 나타낸다.

일롱게이티드 유전자를 Fa라고 표시하면

P……Fa Fa의 수컷 X - -의 암컷(하나의 Fa유전자도 갖고 있지 않은 암컷)

F1……Fa-의 자손들만 태어나게 된다. 즉 이렇게 하나의 유전자만 갖게 되는 경우를 싱글 팩터라고 한다.

이 F1을 동배교배시키면

P(F1)……Fa-의 수컷 X Fa-의 암컷

F1(F2······ FaFa, Fa-, - -

이렇게 1:2:1로 더블 팩터 : 싱글 팩터 : 팩터가 없는 개체로 태어나게 된다.

더블의 경우 싱글에 비해 암컷은 등지느러미 신장이 더 빠르고 더 크게 이뤄진다. 문제는, 불임은 아니지만 수정확률에 있어서 싱글에 비해 더블이 현격히 떨어진다는 것이다. 암수 모두 해당하며, 더블의 경우 고노포디움(gonopodium)이 기형적으로 커지는 경향이 있고, 일반적으로도 더 큰 것이 보통이라고 한다.

브라오와 화이트(Brao, White)

독일어의 바이스(Weiß)가 영어로는 화이트(White)라는 뜻이고, 브라오는 독일어의 블라우(Blau), 영어로는 블루(Blue)라는 뜻이 된다. 브라오(rr)는 일반적인 레드 계열의 구피 체색을 블루 계열로 바꾸는 역할을 한다. 이미 알려진 대로 블루 그라스(Rr), 블루 모자이크(Rr), 네온 턱시도(Rr) 등이 브라오에 의해서 푸른색의 발색을 나타내는 품종이다. 또한, 브라오의 유전자 r은 불완전 우성이지만, 몇몇 품종에서는 다른 형질의 r유전자(일반적인 우열의 법칙에 맞는)도 가지고 있다고 한다. 브라오는 보디에 특별한 무늬나 패턴이 전혀 들어가지 않고, 또한 개체들이 상당히 작게 나오는 특징이 있다.

독일어의 영향으로 일본에서는 바이스를 화이트라고도 부른다. 네온 턱시도의 RREA 타입 중 화이트 체색의 개체를 일본에서는 슈퍼 화이트(Super white)라는 상품명으로 불렀는데, 그 이름이 국내에서도 그대로 쓰이고 있다. 그러나 슈퍼 화이트는 말 그대로 상품명이고, 일반적으로는 알비노 바이스(Albino Weiß; 화이트)라고 하는 것이 맞다.

1

2

1. 브라오 2. 화이트

멜라닌(melanin)과 구아닌(guanin)의 반비례 관계

멜라닌색소(melanic pigment)는 몸통의 체색을 결정하는 검은색의 색소이고, 구아닌 색소(guanine pigment)는 플래티넘과 같은 은빛을 나타내는 광채색소인데, 이 둘은 색상 발현에 있어서 대체적으로 반비례 관계가 성립한다. 밤에 불을 완전히 꺼놓고 있다가 물고기들을 보면 하얗게 바래 색깔이 잘 안 나타나는 것을 확인할 수 있다. 이는 멜라닌색소세포가 수축해서 나타나는 현상이다. 그런데 멜라닌색소가 보이지 않을 때는 광채가 오히려 더해져서 매우 반짝이는 것을 볼 수 있다. 시간이 지나 몸 색깔이 다시 진해지기 시작하면 그에 반비례해 광채는 줄어들게 된다.

위의 예는 조명으로 인한 일시적인 현상이지만, 비슷한 관계를 하프 블랙 파스텔에서 찾아볼 수 있다. 펄(pearl; 플래티넘과 비슷한 광채색소)이 많은 개체는 턱시도의 검은색이 약하다고 한다. 펄(구아닌)이 많이 발현되면서 턱시도(멜라닌) 색이 덜 발현되기 때문이다. 비슷하게 노멀의 하프 블랙 파스텔을 RREA로 만들어 놓으면 몸에 유난히 펄이 많아 보이는데, 모두가 멜라닌과 구아닌의 반비례 관계로 해석할 수 있다.

구피와 다른 난태생 품종과의 교잡

구피의 품종에 대한 자료를 살펴보면, 다른 난태생 어종과의 교잡에 의해 탄생했다는 품종이 있다. 구피 간의 교잡처럼 쉽지는 않지만, 구피와 실버 라이어 몰리(Silver lyre molly)의 교잡종인 모피(Moppy, Molly+Guppy)의 예에서 보듯 가능하다.

모피의 작출자인 타이시로 타나카(Toshiro Tanaka)에 의하면, 모피는 약 1년간의 노력 끝에 지난 2000년 12월 25일에 태어났다고 한다. 1년간 노력을 기울인 끝에야 교잡의 결과를 얻을 수 있었다는 데서 알 수 있듯이, 두 종 간의 교잡을 위해서는 그저 구피와 몰리를 단순 합사하는 것만으로는 가능하지 않고 약간의 방법이 필요하다고 한다. 그는 이에 대해 구체적으로 밝히지는 않고 있다. 타이시로 타나카의 모피 개체의 종어로는 네온 턱시도의 수컷(♂, AaRr XYTu, a:알 비노 R:레드 r:브라오 Tu:턱시도)과 실버 라이어 몰리의 암컷(♀, Lyly XX, Ly:라이어 테일)이 사용됐다고 한다.

구피와 몰리의 교잡은 본래는 교잡 자체보다는 구피의 알비노 유전자와 몰리의 알비노 유전자가 서로 호환성이 있는지, 즉 두 종에서의 알비노 유전자가 같은 유전

풀 레드 리본(Full red ribbon) 타입

자인지를 확인하기 위한 교잡이었기 때문에 처음에는 RREA 네온 턱시도의 수컷(♂, aaRr XYTu)과 실버 라이어 몰리의 암컷을 교잡하려고 했다고 한다. 이 교잡을 실수로 실패하고, 차선으로 선택한 것이 위의 교잡 형태였다고 한다. 물론 교잡의 원래 의도를 잃지 않기 위해 택한 네온 턱시도의 유전형이 Aa로 알비노인자를 가지고 있었다. 참고로, 구피의 알비노 가운데 일반적인 알비노(l, lutino)는 구피에서 변이로 만들어진 것이지만, RREA(a, albino)는 동남아에서 다른 난태생과의 교잡으로 만들어진 것이라는 설이 있다. 위의 교잡은 이 사실을 확인하기 위한 교잡이었던 것 같다.
모피에 대한 연구를 진행하기 위해 일부의 개체들이 아쿠아 라이프(Aqualife)에 매달 칼럼을 쓰고 있는 메다카관의 츠츠이 요시키(Tsutsui Yoshiki)에게 보내졌는데, 츠츠이도 처음 봤을 때는 어느 쪽이 몰리이고 어느 쪽이 모피인지 분간할 수 없었을 정도로 몰리와 매우 흡사한 외형을 지니고 있었다고 한다. 다만 등지느러미 부분이 다른 것 등에서 구피와의 교잡종이라는 특징을 발견할 수 있었다고 한다. 위의 모피의 예에서 특히 주목해 봐야 할 것은 꼬리지느러미의 형태다.

꼬리지느러미의 윗부분 끝과 아랫부분 끝이, 미미하기는 하지만 삐죽 튀어나와 있는 라이어테일(lyretail)의 형태를 띠고 있는 것을 확인할 수 있다. 이 라이어 몰리의 라이어 유전자는 상염색체 상의 우성유전자(Ly)이면서 호모(LyLy)가 되면 치사유전자로 작용하기 때문에 모든 라이어 몰리는 헤테로(Lyly)라고 한다. 따라서 lyly의 구피와 교잡을 하면 F1에서는 라이어 테일 : 비라이어 테일이 1:1의 비율로 나타나게 되고, 실제로도 라이어 모피와 비라이어 모피가 모두 나타나고 있다고 한다.

이상의 결과에서 구피와 몰리의 중간 잡종 또한 구피에서 이야기되는 유전자들과 유전법칙에 따라서 형질이 발현되고 있음을 확인할 수 있다. 다만 한 가지, 작출자인 타나카나 이에 대한 유전 형태를 연구하고 있는 메다카관의 츠츠이 모두 의아해하고 있는 점은, 바로 모피에서는 턱시도가 발현되지 않고 있다는 것이다.

모피의 부모는 네온 턱시도 수컷(AaRrXm)과 실버 라이어 몰리(Lyly, XX)의 암컷이기 때문에, 이론적으로는 모든 모피의 수컷에는 턱시도 유전자가 존재해야 한다(XYTU). 하지만 위의 개체들이 모두 수컷임에도 불구하고 턱시도가 발현되고 있는 모피는 한 개체도 없다. 그래서 상염색체 상의 유전자는 모두 일반적인 유전법칙을 따르지만, 성염색체 상의 유전자는 또 다르게 되는 것인지 그리고 턱시도가 다른 형태로 발현이 되고 있는 것인지에 대한 연구를 진행하고 있는 중이라고 한다.

구피와 기타 난태생 어종과의 교잡이 가능하다는 것에 대해서는 예전부터 밝혀져 오기는 했지만, 자연상태나 일반적인 어항의 환경에서는 이러한 교잡은 거의 일어나지 않는다. 이를 가능하게 하기 위해서는 마치 구피의 RREA 계통을 번식하는 것처럼 종어 어항에 수컷이 암컷을 쉽게 쫓을 수 있도록 좁고 작은 어항을 꾸미고, 수컷이 다른 종이 아닌 같은 종의 암컷을 쫓지 않도록 수컷과 암컷을 서로 다른 종만으로 선택하되 암컷에 비해 2배 이상 많은 수의 수컷을 투입해야 한다. 또한, 상대 물고기의 형태를 잘 파악하지 못하도록 어항을 비교적 어두운 상태로 유지하게 되면 타종 간의 교잡 또한 이뤄질 수 있는 것으로 알려져 있다.

모피(Moppy)

Tip 알아두면 좋은 구피 사육정보

일반 암컷 개체와 일롱게이티드와의 교배

일반 개체와 일롱 유전자를 한 개(싱글) 가지고 있는 개체와의 교배 시에는 50%의 일롱이 나오며, 일롱 유전자를 두 개(더블) 가지고 있는 개체와의 교배 시에는 100% 일롱 타입이 나오게 된다.

구피의 성비 불균형의 이유

여러 가지 이론들이 많지만, 온도에 따른 것이라는 이론이 가장 근접하다고 알려져 있다. 온도 이외에도 호르몬의 영향, 유전적인 영향 등 여러 주장이 있으나 명확하게 밝혀진 바는 없다.

레이트 메일(late male)을 종어로 선호하는 이유

100% 레이트 메일이 더 크고 잘 자라는 건 아니다. 레이트 메일일수록 확률이 높아진다는 것이다. 레이트 메일을 종어로 쓴다고 해서 2세가 레이트 메일만 나오지 않는다. 레이트 메일 수컷일수록 종어로서 가지는 좋은 유전형질이 내재·표현될 가능성이 높아 선호하는 것이다.

블루 계열의 구피는 브라오를 반드시 사용한다?

브라오를 사용하는 것은 사육자의 선택사항이다. 색 빠짐을 보완하기 위해 사용하기도 하고, 크기가 작아지는 것을 피하기 위해 브라오를 사용하지 않는 경우도 있다. 본인이 원하는 색상과 크기, 어느 것에 주안점을 두는가에 따라 브라오의 사용 여부가 결정된다.

하이 도살 핀(high dorsal fin)

하이 도살 핀은 대만 쪽에서 개량되는 구피들 중에 일롱게이티드 유전자 없이 선택교배로 만들어 낸 라인이다. 등지느러미가 상당히 높고, 전체적인 형태는 삼각형의 매우 풍성한 등지느러미를 갖고 있다.

RREA와 알비노의 차이

알비노(Albino)와 리얼 레드 아이 알비노(Real red eye albino)는 일본에서 구분하는 명칭이다. 미국에서는 그냥 레드 아이나 알비노라고 부르고 있다. 알비노와 RREA는 알비니즘(Albinism; 백화현상)의 정도 차이쯤으로 생각하면 될 것 같다. 알비노는 루티노 같이 멜라닌색소가 일부만 사라진 것으로 와인색의 눈색이 나타나며, 보디의 색깔도 RREA와 일반의 중간으로 표현된다. RREA는 멜라닌색소가 완전하게 사라진 것으로 눈이 붉으며, 체색이 투명한 느낌을 주고 있다.

델타 형태를 만드는 유전

델타 테일은 소드테일 유전자+라운드테일 유전자+컬러 유전자 등의 여러 유전형질들의 복합적인 작용에 의해 표현된다고 한다. 특히 소드테일 유전자는 수컷에서 수컷으로 유전되는 한성유전자이기 때문에 이런 유전자의 영향에 의해 암컷보다는 주로 수컷에서 델타 테일이 태어나는 것 같다(최근에는 수컷보다 더 좋은 형태의 델타 테일을 갖는 암컷 라인도 있다). 보통 라운드테일 〉 팬 테일 〉 델타 테일의 순으로 우열이 가려지는데, 단순하게 이렇게만 생각할 수 없는 부분은 암컷의 꼬리지느러미 역시 큰 영향을 미치기 때문이다.

쇼 구피 중 보디의 색깔이나 패턴이 야생에 가까운 그라스 종류의 경우 완전한 델타 테일을 찾아보기가 어려우며, 특히 암컷의 꼬리 형태가 수평으로 선을 그어서 상하 대칭을 이루지 못하고 위가 크게 자라거나 아래가 크게 자라는 등의 비대칭적인 형태가 많다. 이런 암컷을 계속 사용하면서 특별히 선별하지 않으면, 보텀 소드나 탑 소드의 수컷을 얻게 되는 경우를 종종 볼 수 있다. 이렇듯 암컷의 지느러미 형태도 꼬리지느러미의 양쪽 끝에 있는 Ray가 곧고 길게 자라나는 형태를 선별해서 브리딩하는 것이 델타 테일이 태어날 확률을 높이는 방법이라고 생각하고 있다.

RREA 수컷과 노멀 리본 암컷의 교배

RREA 개체와 노멀 개체의 교배 시에는 암수를 바꿔 교배해도 F1 개체에서는 100% 노멀 개체가 나오며, F2대에서 약 25%의 RREA 개체가 태어나게 된다. F1에서 RREA 개체의 숫자를 많이 확보하고 싶다면 F1 개체와 부모 RREA 개체를 교배시켜 주면 약 50% 정도의 RREA 개체를 얻게 된다. 리본 개체는 RREA나 노멀 개체 상관없이 F1에서 리본 개체가 나오게 된다.

부록

초보자를 위한 팬시구피 가이드

01
section

팬시구피 사육의 의미

구피는 열대어 초보사육자들이 물생활을 시작할 때 입문종으로 가장 많이 선택하는 종이지만, 사실 사육하기가 쉽지는 않다. 이번 섹션에서는 구피를 사육할 때 어떠한 마음가짐을 가져야 할지, 무엇에 주안점을 두고 사육해야 할지 생각해 본다.

구피의 특성에 대한 이해

구피를 사육하기 전에 우선 구피라는 물고기의 특성을 이해하는 것이 무엇보다 중요하다. 국내에 나와 있는 대다수 열대어 관련 책자나 홈페이지를 보면, '누구나 번식할 수 있고 암수구별이 가능한, 사육하기 아주 쉬운 물고기'라고 구피의 특징을 간략하게 표현하고 있다. 이렇듯 모든 열대어 사육 입문서에 '구피는 건강하고 사육이 쉽다'고 설명돼 있지만, 아이러니하게도 사육난이도는 그 어떤 열대어보다도 높다.
이렇게 말하면 '특별히 잘 돌보지 않아도 금방 어항 가득 숫자가 늘어나는 것이 구피인데, 그게 뭐가 어려운가?'라고 반문하는 사람들도 분명 있을 것이다. 그러나 사육의 방향이 그냥 번식 위주인지, 아니면 팬시구피의 아름다움을 유지하는 품종 보

존이나 개량의 측면인지에 따라 사육난이도에 있어서 아주 많은 차이가 나타난다. 크기가 작은 물고기인 구피(Guppy, *Poecilia reticulata*)는 자연상태의 송사리와 비슷한 개체를 오랜 시간에 걸쳐 인간들이 개량한, 철저히 인간에 의해 만들어진 물고기라고 보면 된다. 따라서 외형의 아름다움은 더해졌지만, 자연에서 살아가야 할 형태적인 측면이나 병에 대한 내성은 너무나도 약해졌다고 볼 수 있다. 원형으로 보자면 오히려 도태용 개체라고 볼 수 있는 구피가 팬시구피(Fancy guppy)인 것이다. 구피의 원산지 서식환경은 수조 상태보다 결코 낫다고 볼 수 없다. 오히려 인간들이 만들어 준 환경이 팬시구피에게는 낙원이나 다름없을 정도다. 물론 사육자에 의한 수조 속 수질의 급격한 변화 같은 것은 배제하고 비교한 상태를 말한 것이다.

초보사육자들이 많이 하는 질문 중 하나는 '왜 치어가 부모와 닮지 않고 안 예쁘게 나오는가?'라는 것이다. 여기서 우선 생각해 봐야 할 점은 구피의 야생회귀성이다. 선별 없이 계속 대를 이어가다 보면 점점 체형은 작아지면서 꼬리가 작고 둥그런 개체로 변해가는 것을 볼 수 있는데, 이것을 야생회귀성이라고 한다. 인간의 취향에 따라 인위적으로 개량한 지느러미의 크기 및 형태가 복원되는 것이다.

외국의 자료를 살펴보면, 구피 암컷은 수컷을 선별해 임신할 수 있는 능력이 있다고 한다. 암컷 구피의 관점에서 보면, 꼬리가 크고 화려한 색상의 느릿느릿한 수컷보다는, 작고 빠르며 자연에서 쉽게 눈에 띄지 않는 색을 지닌 수컷이 다음 세대 치어의 생존확률을 높일 수 있다고 판단할 것이다. 그러므로 작고 빠른 수컷이 경쟁관계에서 암컷을 임신·수정시킬 확률이 높다. 부모와 닮지 않은 치어들이 나오는 이유는 크게 두 가지로 볼 수 있다. 부모의 유전자가 서로 다른 이종 간의 교잡에 의해 만들어져 조상대에 섞인 품종 형질이 나타나는 것일 수 있고, 사육자의 무지로 서로 다른 종을 함께 사육한 결과일 수도 있다. 물론 돌연변이도 나타날 수 있겠지만, 확률상 이 부분은 여기서는 제외해도 괜찮다.

구피 사육의 주목적은 즐거움

팬시구피는 오랜 시간 개량해 나가는 과정에서 수많은 유전적 요인이 발견됐고, 그로 인해 많은 종류의 품종이 탄생됐다. 또 앞으로도 계속 새로운 품종이 탄생될 것으로 보인다. 이렇듯 복잡하게 연관된 유전적 요인에 대한 지식을 습득하고 사육하면 더할 나위 없이 좋겠지만, 대다수의 구피 사육자는 골치 아픈 유전까지 공부해 가면서 구피를 기르려고 하지는 않을 것이다. 일부 고수라고 불리는 사람들 사이에는 '구피 개량을 목표로 해야만 브리더 혹은 고수다'라는 식으로 일반 사육자들을 폄하하는 경향이 있는데, 이는 매우 편협한 생각이다.

레드 그라스(Red grass)

구피의 개량에 있어서 지금까지 발전해 오면서 우리가 현재 알고 있는 것보다 훨씬 많은 품종의 팬시구피들이 탄생했을 것이다. 그 수많은 품종 중에서 일반 사육자들에게 사랑받았던 것이 지금 알려져 있는 품종들이다. 개량자 입장에서만 좋아하고 의미 있는 팬시구피는 일반 사육자에게는 큰 의미가 없다. 많은 사람들이 좋아하고 사랑하는 품종의 개량이 팬시구피 개량의 주목적이기 때문이다. 이렇게 일반 사육자들에 의해 유지된 품종을 바탕으로 새로운 품종에 도전하는 프로 사육자들의 결과물이 존재하는 것이다. 결국 품종 유지의 바탕은 많은 일반 사육자들에 의해 다져진 것이고, 이것도 넓은 의미에서 본다면 개량의 일부분이라 할 수 있다.

구피를 사육하는 일은 어디까지나 즐거워야 하고, 또한 사육자 스스로 즐겨야 한다. 구피 유전자에 대해서는 다 알 수도 없을뿐더러 굳이 배우지 않아도 된다. 본인이 사육하는 품종에 대해 자세히 알고 싶다면, 구피 관련 홈페이지에서 궁금한 것을 질문하거나 정보를 검색해 보면서 그때마다 조금씩 알아가면 된다. 구피 사육의 난이도는 그 어떤 어종과 비교해도 높다고 할 수 있다. 조급한 마음으로 결과물을 빨리 보려고 시도한다면 낭패를 당하기 쉽고, 사육 자체에 흥미를 잃게 될 수도 있다.

많은 구피 사육자가 중도에 포기하는 이유도, 너무 쉽게 생각하고 접했다가 흥미가 점차 짜증으로 바뀌어 사육의 즐거움이 사라져 버리게 되기 때문이다. 팬시구피를 사육할 때 무엇보다도 중요한 것은, 팬시구피를 기르는 목적은 사육자 본인이 즐거움을 찾는 행위가 돼야 한다는 점 그리고 이것을 바탕으로 사육의 재미를 느끼고 의미를 찾아야 한다는 점을 다시 한번 강조하고 싶다.

02
section

물잡이와 구피의 구입

구피를 구입해 수조에 투입할 때는 물을 잡는 것이 무엇보다 중요하다. 이번 섹션에서는 구피 투입 시 물을 잡는 방법, 수족관에서 구피를 구입할 때의 요령, 수조에 구피를 투입하고 사육할 때 주의할 점에 대해 알아본다.

물잡이용 물고기를 이용한 물잡이

구피를 처음 사육하는 초보사육자의 질문을 들어보면, 아무리 구피 사육에 일가견이 있는 사람이라 할지라도 선뜻 답하기 어려운 것들이 많다. 예를 들면 '우리 집 구피가 자꾸 죽어요. 어떻게 하면 되죠?'와 같은 식의 질문이다. 이런 식의 질문을 접하면 참으로 난감하다. 하나의 예를 든 것이지만, 이와 유사한 질문들이 많다. 답을 해줄 사람이 판단할 수 있는 근거를 줘야 하는데, 오로지 질문자 관점에서 묻는다면 답을 할 수 없게 되는 것이다. 초보사육자들에게 우선적으로 부탁드리고 싶은 점은, 구피와 관련된 사이트나 기타 열대어 포털 사이트에 기본적인 사육에 관한 사항들(사육방법, 온도, 기구, 품종 등)이 잘 정리돼 있으므로 그 자료를 먼저 활용해 보라는 것

1. 코리도라스 2. 안시

이다. 요즘 인터넷문화가 '즉시질문 즉시답변'을 원한다고 하지만, 성의 없는 질문에는 성의껏 답변해 주기 싫고 귀찮은 게 솔직한 심정이다. 즉 질문자 스스로 알려고 한 흔적이 보이는 질문에 성의껏 답변을 하게 되는 것이 인지상정이라는 말이다.

사육을 시작한 초보자들이 구피가 계속 죽어 나가는 것을 보면 이와 관련해 질문을 하게 되고, 대부분 물이 안 잡힌 것 같다는 답변을 듣게 되는 경우가 많을 것이다. 그런데 초보자들에게는 '물을 잡는다'는 것이 어떤 의미인지 전혀 와 닿지 않는다. 물을 잡는다? 초보자의 경우 보통 수조에 물을 채우고 며칠 에어레이션을 해주면 되는 것으로 알고 있을 것이다. 필자도 초보일 때 그렇게 알고 있었다.

'물이 잡혔다'는 말의 정확한 의미는 수조 내에 여과박테리아가 적정량 생성된 상태를 일컫는다. 여과박테리아는 물고기의 배설물과 남은 사료들에 의해 생성·증식하게 된다. 그러니 빈 수조를 아무리 돌려봐야 적정량의 여과박테리아는 증식될 수 없다. 그래서 보통 물잡이용 물고기를 사용하는데, 튼튼하고 강한 제브라(Zebrafish, *Danio rerio*; 유통명 Zebra danio)나 블랙 테트라(Black tetra, *Gymnocorymbus ternetzi*), 브론즈 코리도라스(Bronze corydoras, *Corydoras aeneus*) 같은 물고기가 많이 이용된다.

여건상 수조와 물고기를 함께 사 온 경우, 아마도 그날 모두 합사해야 하는 상황이 대부분일 것이다. 이때 물속의 염소를 제거하고 온도를 잘 맞춘 다음, 아주 천천히 수조의 물에 적응시켜 투입한다면 건강한 개체일 경우 어지간해서는 잘 죽지 않는다. 단, 이렇게 물에 적응한 구피에게 처음부터 사료를 많이 급여하는 것은 절대 금물이다. 차라리 굶기느니만 못한 결과를 초래할 수도 있다.

한 수조에서 한 품종만 구입

물고기를 판매하는 수족관에서는 수조의 수질을 관리하는 것이 용이하지 않아 거

풀 레드(Full red) 사육 수조

의 병균인자를 내포한 상태라고 보면 된다. 경험이 전혀 없는 사육자의 경우 수족관의 이 수조 저 수조에 있는 다른 종의 물고기나 구피를 구입해 순간적으로 합사하는 것을 볼 수 있는데, 이는 매우 위험한 것으로 절대 피해야 하는 행동이다.

한편, 수족관에서도 다른 수조의 구피를 한 봉지에 담아주는 실수를 자주 범한다. 구입자가 집에 가져가 수족관 물이 들어 있는 봉지째로 섞어 넣으면 마찬가지겠지만, 물이 다른 수조의 구피는 따로 담아주는 것이 기본 중 기본이라 할 수 있다. 외국 브리더에게서 구피를 수입하면 같은 품종이라도 한 마리씩 따로 포장해서 보내준다. 물론 수족관의 입장에서 보면 500원짜리 구피 몇 마리 팔면서 여러 장의 봉지를 사용한다는 것이 경제적으로 무리일지 모르지만, 새우젓 봉지만 한 비닐에 정성껏 포장해 주는 수족관이 있다면 정말 믿음이 가고 고객들이 좋아하지 않을까 생각해 본다.

산란이 임박한 암컷을 제외하고, 움직임이 없거나 구피들이 한 군데에 몰려 있다면 수조에 적응하지 못해 많이 좋지 않은 상태라고 판단하면 된다. 수족관에서 구피를 구입할 때는 수면에서 뒤뚱거리는 개체, 꼬리나 지느러미에 상처가 나 있거나 곰팡이가 있는 개체, 너무 마른 개체, 지느러미를 접고 있는 개체는 절대 선택을 피하도

DUMBO EAR

록 해야 한다. 특히 지느러미를 접고 뒤뚱거리며 헤엄을 치는 구피가 한 마리라도 섞여 있다면, 해당 수족관의 구피는 과감하게 구입을 포기하는 것이 현명하다.

한 수조에 한 품종만 사육

구피 사육 시 가장 이상적인 방법은 한 수조에는 한 품종만 사육하는 것이다. 구피는 일단 단독사육을 권한다. 다른 어종과의 합사는 피하고, 아울러 같은 품종만 사육하는 것이 좋다. 보통 수족관보다는 개인 사육자의 개체가 안전하지만, 최근에는 구피를 주력으로 하는 쇼핑몰도 있으므로 일반 수족관보다는 안전하다고 보면 된다.

구입한 구피를 새로 세팅한 수조나 집에 있던 수조에 옮길 때는 우선 구피가 담긴 봉지를 30분가량 수면에 띄워놓는다. 봉지를 꺼내 따로 준비해 둔 통에 옮겨 넣은 다음, 구피를 투입할 수조의 물을 에어 호스와 에어 스톤 등의 기구를 이용해 한 방울씩 천천히 30분~1시간 정도의 시간 내에 물을 섞이게 만들어 적응시킨다. 이후 구피만 건져 옮기면 된다. 이러한 과정을 통해 수온과 수질에 동시에 적응하게 된다.

새로 입수한 후 1주일 정도만 무사히 넘긴다면, 완전히 내 수조에 적응했다고 볼 수 있다. 이때쯤이면 건강한 구피의 경우 사람이 보일 때마다 밥 달라고 수조에서 농성할 것이다. 건강한 개체들은 스피드도 매우 빠르고 온 수조를 헤집고 다니게 된다. 수온은 24~25℃가 가장 적당하지만, 일단 구피가 적응하고 나면 22~28℃ 정도까지는 괜찮다. 온도가 높을수록 성장은 빠른 반면, 산란주기와 수명이 짧아진다. 참고로, 필자의 경우에는 22~24℃ 정도에서 가장 건강하고 수명도 길었다.

저가의 믹스된 일반 구피들을 제외한, 품종명으로 판매되는 구피들은 오랜 시간에 걸쳐 단점들을 보완했기 때문에 가장 이상적인 표현형의 구피라고 할 수 있다. 이와 같은 구피들의 경우 예쁘다는 이유로 여러 가지 품종을 구입해서 한 수조에 사육하면 각 품종이 지닌 장점들을 모두 잃어버리게 된다. 따라서 특정 목적이 있는 경우가 아니라면 품종 간 교잡은 될 수 있으면 피하도록 하고, 한 수조에는 하나의 품종만 사육하기를 권한다. 단, 같은 품종의 알비노 구피의 경우 한 수조에 같이 사육해도 되는데, 초보자들은 어느 정도 사육이 익숙해질 때까지 사육난이도가 높은 알비노 구피를 사육하는 것도 피하는 것이 좋겠다.

03
section

여과기와 부대시설

열대어를 사육할 때 반드시 구비해야 할 용품 중 가장 중요한 것은 수조 내 수질을 관리해 주는 여과기라고 할 수 있다. 이번 섹션에서는 여러 가지 여과방식의 장단점과 여과기의 종류, 구피를 사육할 때 필요한 기본적인 용품들에 대해 알아본다.

여과의 방식과 여과기

초창기 외국의 구피 사육자들은 오늘날과 같은 여과기나 여과재도 없이 빈 통에 물만 채워 산소공급도 하지 않고 길렀다고 한다. 그만큼 물이 깨끗하고 좋았다는 뜻이기도 하다. 하지만 역으로 생각해 보면, 지금보다 더 많은 시행착오를 겪으면서 열심히 물관리를 했다는 반증도 될 것이다. 요즘에는 워낙 다양한 종류의 여과기가 판매되고 있어서 각자의 사육시스템이나 스타일에 맞게 골라서 선택할 수 있다. 필자가 처음 열대어 사육을 시작할 때는 저면여과 방식이 여과의 전부였다. 실리콘도 없어서 누드 어항은 전무했고, 스테인리스강에 콜타르(coal tar; 석탄을 고온 건류할 때 부산물로 생기는 유상의 검은 액체. 아스팔트의 부산물)를 유리에 발라 사용한 어항뿐이었다.

1. 스펀지 여과방식이 이뤄지는 수조의 모습 **2.** 박스 필터 형태의 여과방식이 이뤄지는 수조의 모습 **3.** 저면여과방식으로 세팅된 수조의 모습

그렇게 유해한 환경의 수조에서도 고기를 길러냈는데, 요즘은 뛰어난 장비에도 불구하고 사육이 힘들다는 분들이 매우 많다. 가장 큰 이유는 25년 전과 지금의 공기오염도가 비교할 수 없을 정도로 차이 나기 때문이다.

부화장 주변에 공장들이 많아지면 사육에 막대한 피해가 온다고 한다. 한 가지 예를 들어 보자. 디스커스(Discus, *Symphysodon spp.*)를 오래 사육했던 분들이 말하기를, 예전에는 디스커스를 부화시키는 것이 쉽지 않았는데 요즘은 누구나 쉽게 부화시켜 사육한다고 한다. 그 이유는 공기오염에 따른 물의 산성화와 관련이 있다고 한다. 또 구피 부화장은 대부분 서울 근교에 많은데, 주변에서 폐자재들을 소각하는 날은 구피들에 피해가 바로 나타나기 때문에 주의해서 주변도 살핀다고 한다.

그동안 장비는 발전했지만, 중국의 발전과 더불어 찾아온 황사와 같은 기본적인 공기의 오염과 수질의 오염이 심해진 상황이다. 그래서 좋은 장비에도 불구하고, 구피 사육은 더 어렵고 세심한 관리가 필요하게 된 것이다.

여과기의 종류는 다양하며, 값비싼 외부여과기부터 상면식 여과기, 측면식 여과기, 걸이식 여과기, 스펀지식 여과기 등이 있다. 스펀지식을 제외한 다른 방식들의 기초는 역시 저면여과 방식과 같은 맥락이고, 부분적으로 스펀지식을 더 첨가한 것이다. 이들 여과방식 중 최고의 여과력을 자랑하는 것은 저면여과 방식이다. 상당량의 무게를 자랑하는 바닥재의 구입과 설치, 청소의 귀찮음으로 선택을 주저하는 분들이 많

스페이드 테일(Spade tail)

고, 이사 등 수조를 옮길 경우 많은 애를 먹는 것이 단점이다. 대청소를 하고 나면 수질이 급격히 변화해 구피들이 데미지를 입는다고 알려져 있지만, 환수주기가 주 1회 정도로 짧고 적응이 된 구피들은 데미지를 거의 안 입고 적응할 수 있다.

최근에는 설치와 사용의 편리함 때문에 스펀지 여과기를 많이 선호하는데, 이 스펀지식 여과의 단점은 구피와 같이 브라인슈림프를 자주 급여하는 환경에서는 스펀지의 기공이 잘 막히고, 일순간 여과능력이 떨어진다는 것이다. 그래서 그 어느 여과방식보다도 세밀한 주의를 필요로 하고, 부주의하게 관리할 경우 구피를 한꺼번에 몰살시킬 위험성을 내포하고 있는 방식이라고 할 수 있다. 기타 여과방식도 스펀지에 비해서는 낫지만, 여과용량이 적어서 수질에 신경을 많이 써야 한다.

이런 이유로 좀 힘들더라도 초보자에게는 저면여과 방식을 적극 권장한다. 일단 설치 후 수질이 안정화되면 주기적인 부분 물갈이만으로도 장시간 안정된 수질을 보장받을 수 있다. 또 실지렁이 등 생먹이를 급여하지만 않는다면, 부분 환수 시 한 부분씩 모래를 뒤집어 청소하면 상당 기간 동안 대청소(전체를 뒤집는)를 할 필요도 없다.

부대시설

보통 수족관에서는 저면여과판을 구입하면 솜도 같이 구입해 설치할 것을 권한다. 저면여과판에 솜을 까는 이유는 여과박테리아를 빠르게 증식시킬 수 있기 때문인데, 솜을 넣은 후 시간이 많이 지난 상태에서는 이 솜이 납작하게 눌려 오히려 박테리아를 죽이는 역할을 하게 된다. 여과판에 솜을 깔지 않아도 여과박테리아는 서서히 증식하게 되므로 절대로 넣지 않도록 하는 것이 좋겠다. 저면여과 방식의 또 다른 장점은 수초를 심을 수 있어서 세팅 후 미관상 가장 아름답다는 점이다.

수류는 구피가 헤엄치는 데 부자연스럽지만 않다면 가능한 한 강하게 조절해 주는 것이 좋다. 수류의 방향은 폭보다는 길이 방향으로 물 흐름이 회전될 수 있도록 해 주는 것이 좋다. 온도계는 반드시 구비해야 하고, 환수 시에는 기존온도와 최대한 비슷하게 맞춰주되 어항온도와 큰 차이가 안 나도록(+-2℃ 이내로) 해야 한다.

그리고 사육자들의 최대의 적인 전기를 가장 많이 잡아먹는 히터와 조명이 필요하다. 수조가 한두 개 정도라면 겨울철에 히터를 사용하는 것이 안전하다. 수조가 많아지면 전기세의 압박으로 곤란하지만, 요즘의 아파트 시설이라면 수온이 22℃ 이상 나오므로 전기세가 걱정된다면 설치하지 않아도 무방하다. 조명도 히터와 마찬가지로 한두 개라면 별 상관은 없으나, 축양장 시설급이 되면 이 역시 무시할 수 없다. 조명은 자주 켜지는 않더라도 구피의 관찰을 위해서는 갖추는 것이 좋다.

사육에 재미가 들고 자신감이 붙어 수조가 늘어나면 브로와와 하우징은 반드시 구비하는 것이 좋다. 여러 개의 에어 펌프를 사용하는 것보다 브로와 한 개로 쓰면 깔끔하고 전기효율도 좋다. 특히 하우징은 반드시 구입하길 권한다. 비용도 얼마 안 들지만 환수 시 안전하다는 최대의 장점이 있기 때문이다. 하우징 가격이 최근에는 상당히 저렴해졌고, 물갈이에만 이용하면 필터도 7~8개월까지 충분히 사용할 수 있다.

구피를 잡을 때 쓰는 뜰채는 수조마다 각각 따로 구비해 두고 사용하는 것이 좋다. 뜰채 하나로 여러 수조를 관리하면서 사용해야 할 때는 한 수조에서 사용하고 나면 뜨거운 물을 이용해 세척한 후 다른 수조에서 사용하거나, 온수가 여의치 않은 경우 최소한 수돗물에라도 반드시 세척하고 나서 사용해야 안전하다. 사소한 것 같지만 아주 중요한 사항이므로 관리 시 꼭 엄수하기를 바란다.

04
section

팬시구피의 먹이 및 급여

구피를 오랫동안 건강하고 아름답게 사육하기 위해서는 양질의 먹이를 충분히 급여하는 것이 매우 중요하다. 이번 섹션에서는 구피에게 급여하는 생먹이와 사료의 종류 및 특성, 급여하는 방법 등에 대해 간략하게 알아본다.

실지렁이

필자가 처음 구피를 사육하기 시작했던 시기에는 사료라는 기성제품들의 품질이 조악하기 그지없었다. 영양학적인 측면에서 지금과는 비교할 수도 없는 제품들이었기 때문에 거의 실지렁이를 사다 급여했다. 그 이후로도 오랜 기간 실지렁이만한 먹이가 없다고 믿어왔으며, 그 맹신이 깨진 것은 그리 오래되지 않았다.
실지렁이의 장점은 치어나 성어 모두에서 선호도가 매우 뛰어나고, 성장에 탁월한 효과를 보이며, 성어의 경우 치어의 출산 수가 많아진다는 것이다. 그러나 장점도 많지만 단점도 참 많은 것이 실지렁이다. 우선 먹이섭취 후 소화가 되기까지 시간이 오래 걸리고, 사람들이 과식했을 때처럼 구피의 활동성이 급격히 떨어진다.

이러한 이유로 실지렁이를 급여할 때는 한 번에 너무 많은 양을 제공해서는 안 된다. 또한, 실지렁이는 질병요인 인자를 많이 내포하고 있기 때문에 먹고 남을 경우 급격한 수질악화를 초래한다. 저면여과 방식으로 여과가 이뤄지는 수조 내 바닥재에 숨어 들어가는데, 이 역시 수질을 악화시켜 질병의 원인이 된다. 최근에 자주 논의되는 문제가 있는데, 임신한 암컷 구피가 치어를 많이 낳는 것이 결코 좋은 현상이 아니라는 이론이 대두되고 있다. 아무래도 같은 크기의 암컷이 치어를 많이 낳다 보면, 적게 낳을 때보다는 치어의 크기가 작고 체질이 덜 건강하다는 논리다. 상당히 공감이 가는 내용이며, 좀 더 시간을 두고 검증돼야 할 문제로 보인다.

이렇게 단점이 많지만, 적절하게만 사용한다면 최상의 먹이가 되는 것이 바로 실지렁이다. 코리도라스 같은 경우 실지렁이의 급여 유무에 따라 산란횟수, 산란한 알의 개수 등에서 현격한 차이를 보이는 것을 알 수 있는데, 실지렁이의 우수성을 반증하는 현상이라고 볼 수 있겠다. 그러나 최근에는 환경오염을 비롯해 강물의 지류들을 둔치화시키면서 실지렁이 서식처가 급속히 감소해, 가격이 너무 많이 비싸졌고 구하기도 쉽지 않은 실정이다.

1. 실지렁이 **2, 3.** 브라인슈림프 급여 모습

브라인슈림프

초보자에게는 참으로 생소한 먹이고 웬만한 동네 수족관에서는 진열해 놓지도 않지만, 구피 사육에 있어서 절대로 빠질 수 없는 먹이가 브라인슈림프다. 비단 구피뿐만 아니라 모든 열대어의 치어용으로서 성장에 필수적인 먹이라 할 수 있다.

다른 먹이와는 달리 이 브라인슈림프는 직접 급여가 아닌, 브라인슈림프 자체를 부화시킨 다음 껍질을 분리해 부화된 것만 걸러서 급여해야 한다는 번거로움이 있다. 장점은 소화가 빠르고 깨끗하며, 먹이반응은 치어나 성어 할 것 없이 최상급이라는 것이다. 단점은 가격이 상대적으로 비싸고, 위에서 언급했듯이 급여과정이 다소 번거롭다는 것이다. 구피 사육자들에게 있어서 반드시 필요한 '잦은 환수작업'을 싫어한다면 사육 자체가 그리 오래가지 못하게 되는 것처럼, 브라인슈림프를 부화시켜 급여하는 것도 같은 맥락에서 생각해 볼 수 있다. 조금은 귀찮게 느껴지겠지만, 그 행위 자체를 즐기고 사육하는 구피들의 열광적인 먹이반응을 떠올린다면 즐거운 일이 되기도 할 것이다.

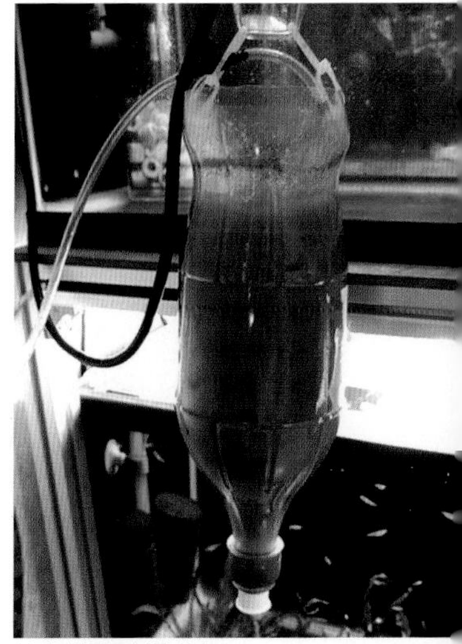
브라인슈림프 부화 모습

경험이 생겨 팬시구피 사육을 본격적으로 즐기기 시작하면 브라인슈림프를 꼭 권하는데, 팬시구피의 성패는 치어가 태어나고 한 달간의 먹이급여에서 대부분 결정된다고 할 만큼 중요하기 때문이다. 질병의 피해도 거의 없고 소화도 가장 원활한 이상적인 먹이이며, 전 세계 전문브리더뿐만 아니라 부화장 저가 구피에게도 필수적으로 사용할 만큼 팬시구피 사육에 있어서 절대적인 먹이라고 할 수 있다.

냉동 장구벌레, 물벼룩

실지렁이를 구하는 것이 쉽지 않은 요즘 그 대안으로서 많이 애용하는 것이 냉동 장구벌레다. 실지렁이와 비교했을 때 치어용 먹이로는 부적절하고, 실지렁이와 마찬가지로 서식지가 매우 불결한 곳이다 보니 이 또한 구피 질병요인 인자를 많이 내포하고 있다. 실지렁이처럼 소화가 느리고, 단백질과 지방층이 많아 구피 암컷에게는 비만을 초래해 알집이 작아지게 됨으로써 치어생산에 지장을 준다고도 한다. 성어에게는 먹일 만하지만, 치어들이 먹기에는 매우 곤란한 먹이라고 볼 수 있다.

물벼룩의 경우 먹이반응이 좋을 것 같은데, 의외로 반응이 많이 떨어진다는 단점이 있다. 살아 있는 경우에는 좀 낫지만, 냉동 물벼룩의 경우 선호도가 매우 낮다. 물벼룩은 실지렁이보다 더 구하기가 쉽지 않은 먹이기도 하다. 여러 가지로 종합해 볼 때 냉동 장구벌레나 냉동 물벼룩은 구피에게 적절한 먹이라고 보기는 힘들다.

사료

구피 전문 사료와 크릴새우 사료

플레이크형 사료는 납작한 가루 형태로 만든 사료인데, 구피에게는 아주 적합한 먹이다. 선호도도 높고 치어들도 조금씩 뜯어 먹을 수 있는 먹이로서, 대표적인 구피 사료로 보면 된다. 비트형 먹이는 먹이 내부에 기공을 만들어 알갱이 형태로 굳힌 사료인데, 출시 당시에는 '사료의 혁명'이라고 불렸을 정도로 최고의 먹이다. 딱딱한 알갱이 형태라 구피가 잘 먹지 못할 것 같지만, 직장인 같이 자주 급여를 못하는 분들에게 매우 적합하다. 출근 전 충분한 양을 주면 하루 종일 쪼아 먹기 때문에 활용도 면에서 훌륭하고, 영양 면에서도 매우 우수한 사료다. 다만 가격이 비싼 게 흠이다.
이외에 탈각 슈림프가 최근에 많이 선보이는데, 치어의 먹이반응이 나쁘고 먹고 남은 사료가 쉽게 부패하는 단점이 있다. 따라서 아주 소량만 중치어 이상에게 급여하는 것이 좋다. 사료는 외국 업체들의 부단한 연구개발로 우수한 제품이 많이 나와 있다. 사료만 급여해도 어느 정도까지는 무난히 성장시킬 수 있다.

이상 구피의 먹이에 대해 간략하게 알아봤다. 어디까지나 개인적인 사용 경험에 의한 내용이고, 사육자가 구피에 적응시키느냐에 따라 많이 달라지므로 여러 가지 영양소를 골고루 주는 것이 좋겠다. 필자의 경우 브라인슈림프 외에 디스커스에 많이 쓰이는 햄벅(기름기만 잘 제거하면 치어에게 좋은 먹이다)이나 크릴새우로 만든 사료, 스피룰리나(식물성 사료) 등 다양하게 급여한다. 베타의 치어용 먹이인 마이크로웜은 성장에 도움이 많이 되지만, 잘못 관리하면 발효할 때의 냄새로 곤욕을 치를 수 있다.
주변에서 '게알을 급여하니 환상적이었다'고 하는 말을 들었지만, 사람 먹기에도 귀한 게알을 구피에게 구해 줄 수는 없어 실행해 보지는 못했다. 먹이의 종류도 중요하지만, 무엇보다도 소화가 빠른 구피에게는 자주 먹이를 급여해 주는 것이 중요하다. 또 건강한 개체들은 끝도 없이 먹이에 집착하고 달라고 조르는데, 절대 많은 양을 한 번에 주지 말고 소량씩 여러 번 나눠 주는 것이 성장에 큰 도움이 된다.

05
section

팬시구피의 기본적인 관리

앞서도 언급했듯이, 보통 구피는 초보사육자가 기르기에 수월한 열대어라고 소개되지만 사육난이도가 매우 높은 종이기 때문에 그만큼 평소 관리에 주의를 기울여야 한다. 이번 섹션에서는 구피를 사육할 때 기본적으로 관리해야 하는 사항들에 대해 간략하게 알아보도록 한다.

관리의 중요성

팬시구피의 관리에 있어서는 한 마디로 사육자의 노력이 70%, 그 외에 장비나 지식이 차지하는 비중이 30%라고 생각하면 된다. 그만큼 사육자의 지속적인 관찰과 정기적인 환수, 영양가 있는 먹이의 급여 등 꾸준한 관리를 통해 성장시켰을 때 결과가 달라지게 된다. 초보사육자들이 가장 많이 범하는 실수(실패의 요인이 되는) 중 하나가 암컷이 낳는 치어를 무작정 모두 받아 과밀사육을 하는 것이다. 어느 정도의 숫자는 먹이경쟁을 유발해 도움이 되겠지만, 그 이상이 되면 치어의 발육에 악영향을 미치고 결국 전체적으로 형태를 망치게 된다는 점을 기억해야 한다.

먹이급여

초보자들의 경우 생먹이를 먹이는 것이 그리 쉽지는 않다. 사료만 급여할 경우 각각 특성이 있는 사료를 3가지 정도 구입해 섞어서 먹이는 것이 균형 잡힌 성장에 도움이 된다. 예를 들면, 구피 전용 플레이크형 사료와 알갱이 형태의 그래뉼 타입 사료, 크릴새우 재료의 플레이크 타입 먹이와 주로 시클리드 종인 트로페우스(*Tropheus*) 사료로 사용하는 식물성 사료, 플레코나 안시 먹이로 사용하는 알약 형태의 식물성 사료 중 몇 가지를 구입해 하루에 나눠서 급여하면 이상적이다.

환수

환수는 '구피 사육의 시작이며 끝'이라고도 할 수 있을 정도로 구피 사육자에 있어서는 매우 중요한 작업이다. 디스커스 사육에 비견될 만큼 힘든 작업이 되겠지만, 이 부분도 전문적인 사육일 때 그렇다는 것이다. 일반 초보자들의 경우는 1주일에 약 25% 정도로 꾸준히 환수해 주기만 해도 큰 문제없이 사육해 나갈 수 있다.
전문적인 구피 사육이 목표가 아니라면, 흑사를 바닥재로 깔아 수초어항 형태로 꾸며서 구피의 아름다움을 감상하는 것도 좋다. 이때 무리하게 델타 타입으로 사육하면 손이 많이 가고, 형태가 쉽게 망가져 어항 자체의 미관을 망치게 된다. 따라서 소드 타입의 자연적인 멋을 내는 품종을 선택해 치어부터 성어까지 자연스럽게 어우러져 살아가는 구성을 갖추는 것이 미관상 훨씬 보기 좋다.

사육환경

수조에는 될 수 있으면 약품, 박테리아 활성제, 소금 등을 사용하지 말 것을 권한다. 사육의 경험이 쌓인 뒤 활용도를 정확하게 알고 나서 사용해도 늦지 않다. 그리고 욕심을 내서 여러 품종을 외부에서 들여오는 것은 가급적 삼가야 한다. 질병이 유입될 수 있는 지름길이기 때문이다. 될 수 있으면 한 수조에 한 품종만 사육해서 품종이 주는 아름다움을 만끽했으면 하는 바람이다.

지금까지 5개의 섹션으로 분류해 팬시구피 초보자를 위한 가이드를 설명했는데,

알아두면 좋은 구피 사육정보

구피 구입 시 요령

사람을 보고 반응이 없거나 지느러미가 뜯겨 있거나 녹은 개체를 피하고, 사람이 다가가면 몰려들어 밥을 달라고 보채는 개체를 골라야 한다. 지느러미를 접고 있거나, 수면에 떠서 움직임이 없는 개체는 구입하지 말아야 한다.

구피 구입 시 암수 비율

젊고 튼튼한 개체라면 수컷 한 마리에 여러 마리의 암컷을 수정시킬 수도 있지만, 보통 암컷 2마리에 수컷 1마리 형태의 트리오로 구입하면 무난하다. 단, 알비노 개체는 1:1 비율로 여러 쌍을 구입하는 것이 좋다.

적당한 수조의 크기

전문사육자들처럼 물관리를 하기가 어려운 경우 2자 정도의 크기가 오히려 좋다. 작은 수조일수록 물관리가 어렵고, 구피는 치어로 인해 금방 개체 수가 불어나므로 초보자의 경우 아주 작은 수조는 피하는 것이 좋다.

초보자에게 추천할 수 있는 구피 품종

사육경험이 적은 초보자에게는 단색의 구피가 적절하고, 무늬가 있는 패턴 품종이나 알비노 품종은 피하는 것이 좋다.

구피와 같이 기를 수 있는 다른 어종

구피는 될 수 있으면 단독사육을 하길 바라며, 코리도라스나 작은 카라신과의 테트라 종류, 블랙몰리는 합사해도 괜찮다.

여러 품종을 사육해도 괜찮은가?

특별히 사육에 문제가 되는 것은 아니지만, 애써 품종으로 이어져 온 구피들이 교잡돼 형질이 망가지게 되므로 사육하는 구피와는 다른 치어를 보게 된다. 될 수 있으면 교잡은 피하는 것이 좋다.

히터, 조명 같은 전기제품은 꼭 있어야 하나?

둘 다 꼭 필요한 것은 아니다. 조명은 없어도 무방하지만, 관상을 위해서라면 필요하다. 또 히터는 최근 일반 가정집의 실내온도가 겨울철에도 20℃ 이하로는 내려가지 않기 때문에 설치하지 않아도 무방하지만, 수조가 한두 개라면 만일을 대비해 갖추는 것이 좋다.

수조 세팅 시 박테리아 활성제 투입 여부

처음 세팅되는 새 수조라면 넣어도 괜찮지만, 기존에 사육에 이용하던 수조라면 필요 없다. 그리고 부분 환수 시에는 물갈이 약이라고 판매되는 약품을 사용하지 않아도 무방하다.

부화통에 받은 치어의 합사

경우에 따라 다른데, 보통 작게는 0.5cm면 잘 안 건드리지만 안전을 위해서는 1cm 정도에 풀어주면 된다. 그 정도면 굶주린 성체 구피가 공격을 할 수는 있지만 잡아먹지는 못한다.

구피 수조에 넣을 만한 수초

모든 수초가 다 괜찮지만, 이산화탄소를 투입해야 하거나 바닥재가 소일이 아닌 흑사에서 기를 수 있는 수초여야 한다.

이론적인 부분에 대해서는 이 정도만 이해한다면 구피 사육에 큰 어려움은 없을 것이다. 이후 필요한 것은 사육자 개인의 경험적인 부분이 될 것이며, 이보다 더욱 전문적인 사육을 원한다면 본문의 내용을 정독하고 천천히 적용해 나가면 된다.

팬시구피의 사육은 꾸준한 관심과 관리 없이는 결코 만족할 만한 결과를 얻을 수 없는 만큼 모든 결과물은 본인 노력의 산물이라고 할 수 있겠다. 아울러 마지막으로 당부하고 싶은 것은, 처음에 사육이 어렵다고 포기하지 말고 치어에서 성어로 한 번만이라도 길러내 보겠다는 마음으로 정성껏 사육해 보기를 바란다.

열대어의 보석 구피

2009년 3월 10일 초판 1쇄 펴냄
2024년 3월 15일 개정판 1쇄 펴냄

제작기획 | 씨밀레북스
책임편집 | 김애경
지은이 | 김영민
펴낸이 | 김훈
펴낸곳 | 씨밀레북스
출판등록일 | 2008년 10월 16일
등록번호 | 제311-2008-000036호
주소 | 서울시 서대문구 충정로53 골든타워빌딩 1318호
전화 | 02-3147-2220 **팩스** | 02-2178-9407
이메일 | cimilebooks@naver.com
웹사이트 | www.similebooks.com

ISBN | 978-89-97242-17-7 13490